广东省崩塌、滑坡和泥石流地质灾害的影响因素及风险性评价

GUANGDONG SHENG BENGTA、HUAPO HE NISHILIU DIZHI ZAIHAI DE
YINGXIANG YINSU JI FENGXIANXING PINGJIA

冯冬宁　著

图书在版编目(CIP)数据

广东省崩塌、滑坡和泥石流地质灾害的影响因素及风险性评价/冯冬宁著．—武汉：中国地质大学出版社，2023.12
ISBN 978-7-5625-5633-6

Ⅰ.①广… Ⅱ.①冯… Ⅲ.①山崩-地质灾害-风险评价-广东 ②滑坡-地质灾害-风险评价-广东 ③泥石流-地质灾害-风险评价-广东 Ⅳ.①P642.2

中国国家版本馆 CIP 数据核字(2023)第 228983 号

广东省崩塌、滑坡和泥石流地质灾害的影响因素及风险性评价		冯冬宁 著
责任编辑：杨 念　　　　　选题策划：龙昭月		责任校对：张咏梅
出版发行：中国地质大学出版社(武汉市洪山区鲁磨路388号)		邮编：430074
电　　话：(027)67883511　　　传　　真：(027)67883580		E-mail:cbb@cug.edu.cn
经　　销：全国新华书店		http://cugp.cug.edu.cn
开本：787毫米×1092毫米　1/16	字数：232千字	印张：9.5
版次：2023年12月第1版	印次：2023年12月第1次印刷	
印刷：武汉邮科印务有限公司		
ISBN 978-7-5625-5633-6		定价：116.00元

如有印装质量问题请与印刷厂联系调换

前　言

广东省是我国东南沿海地质灾害多发省份之一,地质灾害的类型多以崩塌、滑坡、泥石流(简称崩滑流)为主。从整体上看地质灾害的分布具有不均匀性,而从局部看又有集中性、群发性的特点。因此,对广东省崩滑流地质灾害的影响因素进行分析和评价显得尤为重要。

本书是在 GIS 技术的支持下,从 GIS 要为崩滑流地质灾害应用研究服务的角度出发,针对广东省崩滑流地质灾害的影响因素,从不同的尺度进行区划和分析,并在综合研究了地质灾害评价方法的基础上,选取了包括地层岩性、地形特征、断裂带分布状况、降水量、水系分布、建成区状况、道路工程在内的 7 个评价指标,对广东省县级崩滑流地质灾害的风险性进行评价,并对粤东、粤西、粤北 3 个崩滑流地质灾害重点区域的影响因素进行研究,选择典型地区对崩滑流地质灾害的主控因素和致灾因子进行定量剖析,最后建立起广东省崩滑流地质灾害空间数据库,并实现了部分地区地质灾害点数据及影响因素的查询统计和空间分析与评价。

全书共分 7 章。第一章系统阐述了广东省崩滑流地质灾害的研究背景及研究意义、研究现状以及发展趋势和研究内容、技术路线及主要创新点。第二章简要介绍了广东省的地质环境条件背景和广东省崩滑流地质灾害的分布以及本书中研究区域的选择。第三章、第四章分别从省和县区级行政单位的尺度,讨论地质灾害分布的区划,并以 7 个评价指标对崩滑流地质灾害发生的作用强度,从地质灾害发生的危险性和易损性 2 个方面对广东省崩滑流地质灾害发生的风险性进行评价与分析。第五章进行典型区域地质灾害的影响因素分析,分别以粤东、粤西和粤北为研究区域,并以梅州市、阳春市、英德市为典型市进行研究,得出地形因素和降水因素是影响广东省崩滑流地质灾害危险性的主要因素。其中,最大相对高差是影响地质灾害危险性的制约性因素,并在最大相对高差≥1200m 时,影响地质灾害危险性的主要因素由地形因素向降水因素转变。高强度、短历时的降水作用对地质灾害危险性的作用强度大于长期性、地带性的年均降水作用。得出这些区域崩滑流地质灾害的分布特点,以及影响崩滑流地质灾害发生的主控因素包括高程、坡度等地质环境因素和植被覆盖度、土壤侵蚀程度等重要致灾因素,而降水和人类工程活动则是重要的外在激发因素。第六章基于 ArcGIS 10.2 地理信息系统软件平台和大型关系型数据库管理信息系统 Oracle,对广东省崩滑流地质灾害空间数据库进行设计,并在 SOA 技术体系下进行组件式开发,采用 JAVAEE 编写代码,建立了广东省崩滑流地质灾害空间数据库管理与风险性评价系统,对地质灾害的空间数据和属性数据进行管理。系统功能既包括空间数据和属性数据的管理,也包括对崩滑流地质灾害点数据的空间分析,可为地质灾害管理相关部门决策提供真实、准确、实时的数据支持。第七章为总结。

  本书的出版,得到了"广东省高等学校青年创新人才项目(2018KQNCX250)"的资助,得到了国内诸多专家同行的鼓励与支持。冯冬宁负责全书的内容体系设计和统稿,中国科学院大学研究员王云鹏、广州地理研究所研究员宫清华与惠州学院教授戴学军、副教授李存、博士研究生吴孟凡对本书的编写提供了支持与帮助,在此一并表示衷心的感谢!

冯冬宁
2023 年 6 月

目 录

第一章 绪 论 ·· (1)

    第一节　研究背景及研究意义 ·· (1)

    第二节　崩滑流地质灾害的研究现状及发展趋势 ······················· (3)

    第三节　研究内容、技术路线及主要创新点 ······························ (7)

第二章　广东省崩滑流地质灾害概况与研究区域选择 ··············· (10)

    第一节　广东省地质环境条件背景 ·· (10)

    第二节　广东省崩滑流地质灾害的分布 ·································· (12)

    第三节　研究区域的选择 ··· (14)

第三章　广东省崩滑流地质灾害的区划及影响因素 ··················· (15)

    第一节　广东省崩滑流地质灾害区划 ····································· (16)

    第二节　广东省崩滑流地质灾害的影响因素 ··························· (17)

第四章　广东省县级崩滑流地质灾害风险性评价 ······················ (22)

    第一节　评价依据与方法 ··· (22)

    第二节　评价指标选取 ·· (27)

    第三节　评价指标与崩滑流地质灾害危险性的相关研究 ············ (27)

    第四节　评价指标权重确定 ·· (37)

    第五节　广东省崩滑流地质灾害风险性评价 ··························· (43)

第五章　广东省典型区崩滑流地质灾害影响因素分析 ··············· (50)

    第一节　广东省崩滑流地质灾害的分布概况 ··························· (52)

    第二节　粤东崩滑流地质灾害影响因素分析 ··························· (55)

    第三节　粤西崩滑流地质灾害影响因素分析 ··························· (73)

    第四节　粤北崩滑流地质灾害影响因素分析 ··························· (88)

第六章　广东省崩滑流地质灾害空间数据库管理与风险性评价系统的
　　　　设计与实现 ··· (102)

　　第一节　地质灾害空间数据库管理系统概述 ································ (102)
　　第二节　地质灾害空间数据库系统的建设目标与要求 ··················· (103)
　　第三节　广东省崩滑流地质灾害空间数据库的设计与建立 ············· (105)
　　第四节　广东省崩滑流地质灾害空间数据库管理与风险性评价系统的设计与实现
　　　　　　·· (113)

第七章　总　结 ··· (126)

主要参考文献 ·· (128)

附　录 ·· (133)

第一章 绪 论

第一节 研究背景及研究意义

一、研究背景

地质灾害是地壳内动力地质作用与岩石圈表层在大气圈、水圈、生物圈的相互作用和影响下,使得区域的生态环境和人类生命财产遭受损失的现象[1]。地质灾害的具体表现形式多样,但大体上可以划分为两大类,即由自然因素诱发的自然地质灾害和由人类活动诱发的人为地质灾害。国务院于2003年11月颁发的《地质灾害防治条例》规定,常见的地质灾害主要有6种,分别是崩塌、滑坡、泥石流、地面塌陷、地裂缝和地面沉降。地质灾害一旦发生,根据其性质和规模等级的区别,会带来阻塞道路、毁坏房屋、路面塌陷、摧毁农田、山体坍塌、人员伤亡等不同严重程度的后果,给自然环境和社会经济带来极大的危害。

我国幅员辽阔,各种地质灾害均有非常高的发生频率,同时,我国又是一个多山国家,地势西高东低,呈三级阶梯状分布,丘陵及山地的面积占据了我国国土总面积的2/3。因此,由于斜坡变形,失去稳定性而导致的崩塌、滑坡、泥石流(简称崩滑流)突发性地质灾害分布十分广泛。这3种地质灾害的发生有着互相影响、互相制约的关系,且通常会相互伴随发生,严重影响了山区的经济建设与发展以及广大人民群众的生命和财产安全。广东省是我国地质灾害多发省份之一,地质环境条件脆弱。随着经济的发展,人类工程活动强度也在逐年增高,因此导致广东省内的地质灾害多发,给人民群众的生活带来严重的危害。2014年,广东省共发生地质灾害267起,直接经济损失达人民币5 403.1万元。地质灾害类型以崩塌、滑坡为主,同时伴随发生少量泥石流地质灾害,这3种地质灾害发生的数量占地质灾害总数的80%以上[2]。根据第六次人口普查公报数据统计,广东省的常住人口数达到1.04亿人,居全国第一位,同时广东省又是我国的经济大省,经济总量占全国的1/8,国内生产总值连续多年居全国之首,因此,一旦发生地质灾害,将会对社会经济发展和人民生活造成较为严重的影响。

近年来,国内有关地质灾害的研究越来越受到学术界的普遍关注。从区域上,主要集中于中西部地区,广东省内的研究较少;从方法上,采取了诸多定性和定量相结合的经验统计方法和数理模型方法,如实地观察测量法、主成分分析地质灾害诱发因子分析、灰色关联法因子分析、基于信息熵改进的证据权法区划分析、分形维数时空分析法、有限元地质模型分析等;在视角上,有以行政单位或格网区域对地质灾害的空间风险性进行区划或评价,也有对单个地质灾害体的成因或机理进行分析,或进行单个斜坡稳定性的评价等。目前关于广东省区域地质灾害空间特征分析方面的整体性研究较为缺乏,尤其是对崩滑流地质灾害的整体性研究较少,宏观性的研究较多,而在重点区域的研究较少。

鉴于以上背景,本书拟对广东省崩滑流地质灾害的分布进行全省范围内的区划,研究崩滑流地质灾害的影响因素,在此基础上进行基于县级的整体分析和风险性评价。而由于广东省内粤东、粤西及粤北地区之间及其在全省范围内都存在很大的差异性,因此,分别对这些区域内崩滑流地质灾害的空间分布和影响因素进行分析,为区域地质灾害的风险性评价提供依据。最后,建立广东省崩滑流地质灾害空间数据库,并实现广东省崩滑流地质灾害空间数据库管理与风险性评价系统的设计与应用。

二、研究意义

广东省人口众多,自然地理、地质构造和气候演变特征复杂,随着人类工程活动对地质环境的改造作用日趋强烈,导致各类地质灾害活动频繁,给广东省经济社会的可持续发展带来了很大的危害,崩滑流是其中主要的3种类型。对地质灾害的研究充分体现了追求"人与自然和谐相处"的人地关系,与自然地理学发展的新方向、新趋势相符合,有利于政府的区域土地规划和国土整治,有利于政府和个人采取防灾减灾的措施,具有很大的实践意义和应用意义。

近30年来,以GIS为核心的"3S"技术[遥感技术(remote sensing,RS)、GIS、全球定位系统(global positioning system,GPS)]在地质灾害的研究与应用领域中蓬勃发展,为地质灾害的各方面研究都提供了一个卓有成效的技术平台。因此,在"3S"技术支持下,对广东省崩滑流地质灾害的相关数据进行整理、建库及系统的设计与实现,不仅可以给区域地质灾害的风险性区划提供数据支持,还能够加强对地质灾害信息的统一管理和进一步的应用研究。崩滑流地质灾害风险评估的流程已发展得比较成熟,一般认为包括范围确定、危险性分析、危害分析和风险计算4个大的步骤,这4个步骤是逐步递进的分析计算过程,其中危险性分析是基础。危险性分析以崩滑流地质灾害发生频率为主要研究方向,易损性评估计算为关键,损失评估为核心[3]。根据美国地质调查局(United States Geological Survey,USGS)的建议,崩滑流地质灾害发生频率评价主要采用以下3种形式表达:在研究区给定的时间段内(通常指每年,也可根据需要修改时间期限)具有某些特征的崩滑流地质灾害累积数量;在给定的时间段内特定边坡的滑动概率;根据特定量级的触发因素,例如临界孔隙水压力(或临界水平和垂向地振动峰值加速度等)的年超越概率确定崩滑流地质灾害发生概率[4]。本书采用第一种表达形式,以广东省为研究区域,对崩滑流地质灾害的分布进行研究,从县级的尺度对崩滑流地质灾害进行风险性评价,为广东省崩滑流地质灾害的研究提供参考。

综上所述,无论是从全国,还是从广东省范围来看,地质灾害的发生都给人类活动和生存环境带来了严重的风险,已成为影响区域可持续发展的因素之一。崩滑流地质灾害作为广东省常见的地质灾害,具有典型的区域性、突发性、群发性特征。因此,在近年来学者对广东省内崩滑流地质灾害进行研究的基础上,笔者拟通过综合分析,系统地对广东省崩滑流地质灾害的分布进行研究,以县级为单位对地质灾害的风险性进行评价,并系统结合 GIS、遥感等手段,从不同尺度对崩滑流地质灾害的影响因素进行空间分析,并对粤东、粤西和粤北及其典型区域进行深度重点解剖,进而建立起崩滑流地质灾害空间数据库,实现广东省崩滑流地质灾害空间数据库管理与风险性评价系统的开发与应用,为地质灾害相关企事业单位的管理和决策提供实时、有效的数据支持,进而为广东省防灾减灾战略和经济建设规划提供参考,具有重要的现实意义。

第二节 崩滑流地质灾害的研究现状及发展趋势

一、国外研究现状及发展趋势

国际上有关地质灾害的研究是从研究滑坡灾害开始的。基于 GIS 技术对滑坡灾害风险性进行评价,近年来被国际滑坡界广泛采用,是滑坡灾害评价方面的一个重要进展,而被科学界公认关于滑坡研究最早的经典著作是早在 1882 年由 A. Heim 发表的文章,文章的内容是关于阿尔卑斯山区的埃尔姆附近的滑坡灾害研究[5]。自 20 世纪 90 年代开始,有关学者针对区域滑坡灾害危险性评价展开了卓有成效的工作。Van Dijke 等基于 GIS 对山区地质灾害进行分析,并开发了地质灾害分析评价模型;印度 Roorkee 大学 Gupta 等基于多源数据集,引入滑坡危险性系数,对喜马拉雅山麓地带 Ramganga Catchment 地区进行滑坡灾害危险性分区。Uromeihy 等[6]从格网单元分析的角度,运用模糊综合评判法研究伊朗 Khorshrostam 地区的滑坡灾害危险性分区。Michael 等在 GIS 技术的支持下,结合三维系统,以斜坡灾害的危险性、易损性和风险性评价作为整体研究对象,对 Cairns 地区的斜坡灾害进行了研究。这项研究实现了滑坡灾害与网络技术的结合,是当时滑坡灾害的风险性评价应用的国际最新发展方向。

21 世纪以来,国际上从主要对滑坡灾害的研究向地质灾害多灾种多因素综合研究转变,并且更加关注灾害所带来的对个人、社会、经济、文化的影响。Gregory 等运用多因素 Logistic 回归分析方法,在 ArcView 平台上,基于地质数据和地形资料,构建美国 Kansas 东北部地区的崩塌、滑坡灾害数据库和分区图。Urska Petje 等[7]在地块分类的基础上,对 Slovenia 中的 Bovec 和 Trenta 山谷之间的地区进行崩塌危险性评价,并基于不同海拔高程划分危险等级。Hiroshi 等[8]运用空中摄影技术和层次分析法(analytic hierarchy process,AHP),对日本中部 Agano River 地区进行滑坡灾害评价研究。Paton 等[9]初步尝试构建全球范围内减轻自然灾害对个人、对社会、对文化的负面影响模型。Teatini 等[10]运用 SAR 遥感的方法对威尼斯潟湖区域进行地面沉降灾害研究。Riheb等[11]运用GIS栅格统计处理和Logistic回归分析方法,对阿尔及利亚东北部地区的Souk Ahras区域进行崩滑流地质灾害危险性评价,构建概率模型,并研究其与降水、地质、地形、土地利用的相关性。

从现有研究成果来看,国际上在崩滑流地质灾害的研究上所遇到的难题主要表现为两个方面:一是在崩滑流地质灾害的预测方面,由于缺乏累积的斜坡现场资料和实践经验,使得相应的实用性强、可操作性大的预测系统难以建立;二是在对崩滑流地质灾害的综合预报方面,由于地质灾害的发生与包括人类工程活动在内的多种因素相关,导致与时空相结合的预测预报难以实现[12]。

综合国际上对崩滑流地质灾害的研究分析,崩滑流地质灾害的发展主要表现在以下3个方面。

(1)研究理论将会融合动力学、地质学、生态学、地球学、地质工程学等,更加全面地细化滑坡灾害的产生机制、影响因素、破坏性、防治的可能性等。

(2)监测技术未来将充分综合运用光学、电学、信息学、计算机和通信等技术[例如光纤技术(Brillouin optical time domain reflectometer,BOTDR)、时域反射技术(time domain reflection technology,TDR)、激光扫描技术、核磁共振技术(nuclear magnetic induced system,NUMIS)、GPS、合成孔径干涉雷达技术(interferometric synthetic aperture radar,InSAR)及互联网通信技术等],进一步开发经济实用、有效可行的地质灾害监测新技术,提高精度、准确性和及时性,最大程度地减少地质灾害造成的损失。

(3)有关风险研究,以GIS技术为主,探索虚拟现实技术、非线性科学、计算机数值模拟等最新应用技术在崩滑流地质灾害研究中的应用。基于三维的GIS数据处理分析方法和基于GIS环境的崩滑流地质灾害风险评估和决策支持系统的研究,成为崩滑流地质灾害研究的新领域。

二、国内研究现状及发展趋势

我国最早在20世纪70年代后期开始地质灾害的相关研究工作,80年代初开始进行崩滑流地质灾害的研究。1987年4月,由地矿部主持的"中国西南西北灾害山区斜坡稳定性研究""六五"科研专报的评审会议将"滑坡动力学"研究作为一项重大课题或方向提上滑坡研究日程[13]。胡广韬[14]于1993年提出"滑坡动力学"观点,倡导并系统地论证了斜坡形成与演化过程中滑体的发育、滑移、解体、运行、停滞、消亡,以及斜坡等出现的一系列动力学规律,推进了我国滑坡动力学的研究。同期,晏同珍等[15]分析了滑坡的平面受力状态,依据滑坡主要作用因素提出了滑坡的9种滑动机理。这是我国学者在崩滑流地质灾害方面最早的主要研究成果。

在接下来的20多年里,我国对崩滑流地质灾害的研究,无论是在理论研究方面还是在应用研究方面,均有着从定性到定量、从单一学科到多学科综合研究的发展趋势。在理论研究方面,徐峻龄[16]、卢肇钧[17]、靳晓光等[18]、张倬元[19]提出了包括"闸门效应"在内的新概念和滑坡破坏模式,以及滑坡的时空运动研究和黏性滑带土的变化规律;在滑坡的成因及运动机制方面,周保等[20]、曹炳兰等[21]进行了深入的研究,提出了3种高速滑坡的成因机制,并发现在超大型滑坡运动中,锁固段起着非常重要的作用;在滑坡的定量研究方面,易顺民[22]、张勋[23]等用信息维法、新信息法、最大Lyapunov指数法深入研究和定量分析了滑坡的稳定性及失稳过程中的位移变量。

同时,关于地质灾害风险性评价的研究也日臻成熟,分为"区域评价"和"场点评价"两类。"区域评价"主要是研究地市、省区级行政区范围或流域范围内的地质灾害风险性;"场点评价"主要是以单个地质灾害体或某个地质灾害群为研究对象,研究其发生的风险性,与工程地质密切相关。在区域评价中,涂长林等[24]、邱海军等[25]、王佳佳等[26]、庄建琦等[27]的研究主要集中于地质灾害多发的中西部地区,运用证据权法、信息量法、灰色关联法、BP神经网格法、Logistic回归等数学模型进行地质灾害影响因素的分析、风险性区划、评价与预测。综合来看,各种方法均有优点与不足,且对地质灾害危险性或易损性单方面研究较多,两者综合起来进行研究评价的较少。

在地质灾害空间数据库系统的建设与应用方面,我国学者也已有广泛研究,霍志涛等[28]建立了中国西部12个省市的地质灾害空间数据库;彭颖霞等[29]从数据库的概念设计、逻辑设计及物理设计等方面讨论了基于GIS的省级地质灾害空间数据库设计与实现的流程;荆长伟[30]、王小东[31]分别以浙江省、云南省为研究对象,实现了省级地质灾害空间数据库的设计,为区域地质灾害的易发性、危险性评价提供数据支持;李月臣[32]、张海峰[33]、张博[34]实现了以地级市或县级为研究对象的地质灾害空间数据库设计与建立,并进行了系统的开发与应用;杨天亮[35]、何源睿[36]在综合分析公路、铁路等线状地物的沿线地质灾害基础上,建立并运用地质灾害空间数据库,进行地质灾害危险性评价。

由于我国对崩滑流地质灾害区域性规律及崩滑流地质灾害影响因素研究的深度和广度不足,至今仍缺少较大比例尺的全国性崩滑流地质灾害分布图和评价图。对大型复杂滑坡的形成机理研究不足,如对滑坡地下水的分布和运动规律研究不深入,滑带土强度参数的试验和选择还带有很大的经验性,这就使有些滑坡难以得到根治。此外由于对崩滑流地质灾害防治知识普及不够,人为灾害日益增多。随着人类经济活动和建设规模的扩大,人为致灾的现象日益增多,造成了不应有的损失。这些都是未来迫切需要改进的重点。因此,未来我国关于崩滑流地质灾害的研究,应以现代数理科学新理论为基础,结合"3S"监测技术手段,在机制研究、预测预报等方面向智能化、高精度、实时化发展。

三、广东省崩滑流灾害研究现状及发展趋势

近年来,国内部分学者着力研究包括广东省在内的华南地区地质灾害的风险性,成果丰硕,主要有以下3个研究方向。

(1)广东省各类地质灾害成因机理研究。燕丽萍[37]对广东省泥石流地质灾害的历史数据进行统计分析,得出广东省泥石流地质灾害的频率低、规模大、成灾快、损失严重、时空分

布集中、危害范围广的基本特点,并提出了相应的防治对策;刘瑞华等[38]对广东省滑坡地质灾害的地质环境与致灾因素进行分析,得出了暴雨和人类活动是影响滑坡发生的主要因素的结论;易顺民等[39]对广东省各类地质灾害的概况、时空分布、成因机理与防治进行了系统的科学论证与分析。

(2)广东省单类地质灾害风险性区划研究。魏平新[40]运用GIS空间叠加的方法研究了广东省滑坡地质灾害与地形坡度、地层岩性、地貌分布、降雨分布的关系,得出广东省滑坡地质灾害易发区主要为地形坡度在10°～45°之间的地区,地貌分布多为中、小起伏山地以及丘陵地区,地层岩性多为极硬、次硬及软硬相间岩层以及高降雨区的结论。从区划结果来看,均重点突出了地形和降雨对诱发广东省地质灾害的作用;刘希林等[41]从区域临界雨量的视角对广东省泥石流地质灾害进行易发性区划预测。

(3)广东省多种地质灾害风险整体性评价。魏敏[42]对广东省强降雨诱发的地质灾害进行数据统计分析,从时间和空间的角度全面详细地论述了其基本特点和防治对策;余承君等[43]基于现有的泥石流评价模型,对广东省崩滑流地质灾害的危险度进行区划。

研究成果非常丰硕,但也存在不足之处,主要包括以下3点。

(1)各种地理建模方法均有一定的适用性和限制性,且对广东省地质灾害危险性评价较多地运用灰色关联法,其他建模方法运用较少[24,43,44]。

(2)单灾种风险性评价研究较多,多灾种综合分析较少。

(3)针对地质灾害危险性评价的较多,与易损性相结合的以研究地质灾害风险性空间分布规律的较少。

广东省是我国的经济强省,随着人类工程活动强度的加大,地质灾害也呈现出多发、频发的特点,给人民群众的生命财产带来很大的危害,影响当地的可持续发展。未来对崩滑流地质灾害的研究,应将研究单个地质灾害案例方法向区域滑坡同性研究以及个性研究转化,结合工程学、地质学、自然学、生物学等,在更高层面上整体把握广东省滑坡灾害的机制,从而为崩滑流地质灾害的防治、预警预测提供理论基础[45,46]。

李邵军等[47]将滑坡监测系统结构与当前先进的三维可视化及地理信息技术相结合,建立了三维滑坡的监测信息系统;王志旺等[48]运用RS、GIS在滑坡中进行研究,在集成信息的基础上,结合空间分析和模型,为防灾救灾服务,使防灾减灾指挥决策支持系统决策科学化;宫清华等[49]就广东省2004年7月首次启动的地质灾害—气象预报预警工作进行研究,提出运用地理信息系统技术建立基础信息数据库,引入遥感和全球定位系统技术方法提高监测能力,深入探讨了广东省地质灾害的预报预警工作,为实际应用提供了具体的方法和思路。但由于广东省内的地质灾害预报预警工作尚处于起步阶段,因此还存在许多亟待解决的问题[49]:从基础信息的储备方面来看,对于县级单位的行政区域,广东省目前的调查内容还不够完整,对于灾害发生的诱发因素及发生规律等没有详细地分析,也没有建立起全省范围内的崩滑流地质灾害空间数据库;从监测手段来看,大多数县级在调查中仍采用的是较易受环境影响且故障率较高的老式设备,缺少高精度GPS、差分GPS等先进仪器设备;从崩滑流地质灾害发生的机制上看,也缺乏系统性和有针对性的方法。因此,未来广东省在崩滑流地质灾害研究方面,应以 GIS 技术为核心,运用 RS 和 GPS 技术进行全自动、全天候的实时监测,弥补传统技术手段的缺陷,结合人工智能、非线性科学和计算机科学技术与方法,进行崩滑流地质灾害信息的获取、处理和分析评价,并建立广东全省范围内高精度的崩滑流地质灾害空间数据库。

此外,在崩滑流地质灾害的防治方面,结合近 20 年来的发展趋势,未来的发展应主要集中在新材料和新构件的全面应用、新工艺和新工法的相互结合、与环境相协调、与土地利用相结合几个方面[16]。广东省是人口大省,人类活动频繁,导致环境承载压力加大,破坏严重,这些都是促使崩滑流地质灾害产生的原因。因此,要减少崩滑流地质灾害造成的损失,合理开发环境,合理利用土地是必备的前提条件。

第三节 研究内容、技术路线及主要创新点

一、研究内容

本书以广东省崩滑流地质灾害为研究对象,从全省、县级、地区 3 个空间尺度,在各类地图数据、遥感数据和统计数据的支持下,以县级为单位对广东省崩滑流地质灾害风险性进行了评价,并重点对粤东、粤西和粤北 3 个区域的崩滑流地质灾害的影响因素进行了定量分析,建立了空间数据库,实现了广东省崩滑流地质灾害空间数据库管理与风险性评价系统的设计和应用。主要研究内容包括以下 4 点。

(1)通过大量文献资料的收集与整理,概括了广东省内的崩滑流地质灾害研究现状与发展趋势,统计出崩滑流地质灾害的省内分布并选定研究区域,在研究区域范围内进行区划,并对 3 个区划单位内的地质环境、降雨特征和人类工程活动进行详细的分析,确定崩滑流地质灾害的基本发育规律。

(2)以广东省县级为单位,采用相关分析和 GIS 空间叠加相结合的研究方法,分析各崩滑流地质灾害评价指标与广东省崩滑流地质灾害点计数(点密度)的相关关系,进而对广东省崩滑流地质灾害危险性、易损性进行分区与评价,得出崩滑流地质灾害风险性分区与评价结果。

(3)统计广东省 2001—2010 年间崩塌、滑坡、泥石流的发生及分布概况,以粤东、粤西、粤北 3 个分区分布最广泛的区域为研究对象,对 3 种地质灾害的影响因素进行分析,并找出各区域中典型县级内崩滑流地质灾害的主控因素和致灾因子。

(4)在已有数据成果的基础上,结合广东省的实际和应用需求,建立广东省崩滑流地质灾害空间数据库,在 Oracle 数据库和 ESRI ArcSDE 空间数据库引擎的基础上,使用 ArcEngine 开发建设基于 C/S 架构的高级地图管理解决方案,实现各类数据的空间数据和属性数据一体化管理。

二、技术路线

基于本书的研究内容,确定具体研究的技术路线如图1-1所示。

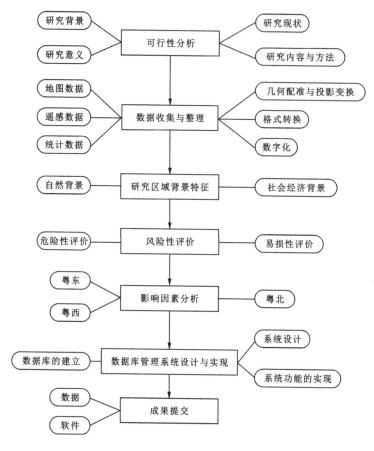

图1-1 具体研究的技术路线

三、主要创新点

本书的主要创新点如下。

(1)对广东省崩滑流地质灾害的影响因素从3个尺度进行了分析。首先将广东省全省进行区划,划分为3个区域并分别对地质灾害的影响因素进行分析;其次以广东省县级为研究单位,对崩滑流地质灾害评价指标进行选取;最后分粤东、粤西、粤北3个区域对崩滑流地质灾害的影响因素分别进行分析,并对3个区域内地质灾害较严重的典型县市进行量化统计,结合GIS的空间分析功能总结出梅州市、阳春市和英德市崩滑流地质灾害的主控因素和致灾因子。相关研究思路可用于广东省崩滑流地质灾害空间数据库与风险性评价系统的后期完善,并可为其他省份或地区崩滑流地质灾害影响因素的分析及建库提供参考。

（2）在县级崩滑流地质灾害风险性评价方法上进行了有效尝试,采用相关性分析法确定评价指标,客观赋权法和主观赋权法相结合的方式确定指标权重,最后采取综合指数法分别对广东省县级崩滑流地质灾害的危险性、易损性和风险性进行评价。结果证明应用这些方法取得了较好的评价效果。

（3）经过大量的数据获取及调研,首次建立起覆盖广东省全省范围的各县级崩滑流地质灾害影响因素数据库,实现了广东省全省范围内各县级崩滑流地质灾害空间数据和属性数据的一体化管理,同时在系统开发上突破了目前国内现有崩滑流地质灾害空间数据库管理系统的开发模式,实现了广东省崩滑流地质灾害数据的采集、空间统计分析及风险性评价等重要功能,可为地质灾害管理相关部门决策分析提供真实、准确、实时的数据支持。

第二章 广东省崩滑流地质灾害概况与研究区域选择

第一节 广东省地质环境条件背景

广东省位于我国大陆最南部,西邻广西,东接福建,南临南海,北部与江西和湖南接壤,海岸线曲折绵长,岛屿、港湾众多。全境位于北纬20°03′~25°31′、东经109°45′~117°20′之间,为低纬度热带、亚热带区域。广东省地处华南褶皱系的西南部,具有地形地貌类型多样,地表水系纵横,地层发育齐全,地质构造复杂等特点,而这些特点是在地壳运动、地层岩性、地质构造及其外力的作用等综合影响下形成的[39]。

一、气象水文

广东省地处低纬度地区,属于热带、亚热带季风气候,具有夏长冬暖、温暖湿润、降雨丰沛、台风频繁等特点[51,52]。该省多年平均气温在18~23.1℃之间,由北向南逐渐升高;全年各月中最低气温为8~16℃,年极端最低气温为-4.3~2.8℃,极端最高气温为36.2~42℃[50]。

广东省是全国降水量最丰富的省区之一,各地年平均降水量在1350~2600mm之间。全省有3个多降水中心和4个少降水区域,3个多降水中心分别位于天露山东侧的恩平、普宁和佛山附近,年平均降水量分别达到2500mm、2300mm和2200mm;4个少降水区域是罗定盆地、兴梅盆地、南澳岛和雷州半岛南部,年平均降水量都在1500mm以下。降雨量年内分配多呈双峰型,主峰在5月,次峰在8月,双峰降雨量占全年降水量的70%以上[50]。广东是全国受台风影响最多的省份,平均每年约有10次台风影响广东,也给广东带来了充沛的雨量。年内最少雨量时期出现在11月至次年1月,即冬春两季降雨较少,常出现季节性干旱。

广东省内水系极其发达,江、河网密布,珠江、韩江、鉴江、漠阳江等是自东向西流向的较大水系。600多条干流和支流的集水面积超过100km²,其中92条独流入海[52]。省内的江河具有水量丰富、涨水期长、含沙量低、汛期长、水力资源丰富等特点,水文特征统计如表2-1所示[39]。

表 2-1 广东省主要江河水文特征统计

水系名称		河流长度/km	汇水面积/km²	历年(大于 15a)	
				平均流量/(m³·s⁻¹)	最大流量/(m³·s⁻¹)
珠江	西江	2197(350)	34 991(2577)	6810	44 000
	北江	582	46 710(42 930)	1260	14 900
	东江	523(436)	35 340(31 840)	200	9560
韩江		470	30 112(18 196)	782	12 400
榕江		185	4721	85.6	4830
漠阳江		187	6050	183	3210
鉴江		211	9288(8498)	257	—

注：括号内的数字为广东省境内河流长度和汇水面积。

二、地质地貌

广东省北依南岭，南濒南海，地势北高南低，全省境内山地、丘陵广布。山区多分布在广东省的北部和东北部地区，在粤西一带也有分布，省内高程最高点是位于粤北地区韶关市乳源瑶族自治县、清远市阳山县和湖南省交界处的石坑崆，海拔 1902m。根据广东省 30m 分辨率数字高程模型(digital elevation model, DEM)，结合 ArcGIS 软件中的栅格统计功能计算得出，广东省内海拔 500m 以上的山地约 31.6%，丘陵约 28.4%，台地约 16.4%，平原约 23.6%(图 2-1)。

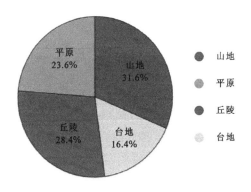

图 2-1　广东省地貌分类百分比图

广东省内的地质构造，经历了多次多种性质的构造运动。构造运动的褶皱作用、断裂作用和岩浆活动形成了纬向、经向、华夏系(式)、新华夏系、山字型、旋卷、北西向等构造，它们互相穿插，彼此干扰，复合和联合现象相当普遍[38]。与地质构造的走向类似，省内的山脉走向也大多是 NE-SW，最著名的就是斜穿粤东四市的莲花山脉，以及经粤西地区向粤东北衍生的罗平山脉,除此以外,也有少量走向 NW-SE 的山脉分布在粤东和粤西地区,而粤北的山脉受地壳运动、地层活动等影响,多为弧形山脉且向南拱出。广东省最大的平原为珠江三角洲平原,其次是粤东地区的潮汕平原,而台地主要分布在粤西地区和粤东地区的沿海地带。从岩性分布上看,分布最为广泛的基岩岩石是花岗岩,占全省面积的 50% 以上,变质岩、砂岩次之,还有较大区域的石灰岩分布在以喀斯特地貌为主的粤西北地区。此外,在韶关市仁化县丹霞山和乐昌市金鸡岭,还有景色奇特的丹霞地貌,即红色砂砾岩分布。在沿海地区和沿江地区,有大量构成当地耕地资源物质基础的第四纪沉积层分布。

由于广东省内复杂的地质条件,包括地形地貌、岩性分布等差异,在地质构造等外力作用的影响下,加上广东省位于热带、亚热带季风气候区域,年平均降雨量大,且降雨主要集中在 4—9 月,持续时间长,夏季易受台风灾害影响带来暴雨、大暴雨等极端天气,结合多种内在和外在因素,使得崩滑流地质灾害成为广东省内多发的地质灾害类型。

三、地震活动

广东省属于环太平洋地震带,受区域性断裂活动影响,省内的断裂带走向多呈 NE-SW。地震活动主要集中在粤东北的河源市、粤西的阳江市、粤东的汕尾市海丰县、汕头市南澎列岛区域,以及雷州半岛以西的北部湾等地,这些地区集中了华南沿海破坏性地震的 50% 以上,而其他地区零星分布。从地震活动的强度上来看,其分布有着东西两侧强、中间区域弱的特点,且从沿海向内陆逐渐减弱,这也导致了广东省虽然从全国范围来看属于弱震少震省份,但由于海岸线长,因此在东南沿海一带却属于地震多发区。经文献资料统计,广东沿海地带多次发生过 6~7 级地震,而内陆地区除河源地震(属水库诱发)外,基本未发生过大于 6 级的地震。

第二节 广东省崩滑流地质灾害的分布

广东省位于我国大陆的最南端,纬度低,热量充足;位于亚欧大陆东南部,面向热带海洋,受季风影响显著,加上地势北高南低,年内降雨丰富,雨季长。热带、亚热带的季风气候条件和复杂的地形特征使广东省地质灾害频发,其中尤以崩滑流地质灾害较为严重。据广东省地质灾害防治"十二五"规划统计,"十一五"期间,全省共发生较大规模的突发性地质灾害 1360 起,直接经济损失 12.38 亿元。截至 2010 年底,全省共有地质灾害隐患点 13 883 处,威胁总人口 48.1 万人,潜在经济损失 84.8 亿元。威胁 100 人以上的重要地质灾害隐患点 770 处,其中,崩塌、滑坡、泥石流地质灾害共计 711 处。可见,崩滑流地质灾害已经严重威胁着全省人民的生命和财产安全,故对广东省地质灾害发生的风险性评价显得十分必要[2]。

依据《广东省地质灾害与防治》[39]、《广东省志·自然灾害志》[53]等资料中的数据,选取

1980—2010年广东省具有一定规模的伤亡性崩滑流地质灾害历史数据点5508处,大致涵盖了广东省全境(表2-2)。由于灾害点数据表中数据量太大,无法在表中全部列出,仅以Excel电子表格的形式存储。本书中的广东省行政区划数据来源于广东省自然资源厅网站广东省标准地图服务子系统公开发布的广东省地图政区版(审图号粤 S2019065号),经数字化得到。因数据获取原因,本书中所统计分析的地质灾害数据位置均位于广东省陆地地区,不包括广东省行政区划范围内的岛屿。

表2-2 广东省各县区崩滑流灾害点计数空间分布(自然间断点分级)

地质灾害点计数/个	行政区名称
182～316	连平县、紫金县、新丰县、兴宁市、郁南县、信宜市、阳春市、广宁县、五华县
110～181	大埔县、连南瑶族自治县、蕉岭县、宝安区、龙川县、英德市、清新区、高州市、罗定市
65～109	连山壮族瑶族自治县、南雄市、平远县、电白区、博罗县、仁化县、龙岗区、曲江区、新兴县、封开县、惠城区、梅县区、翁源县、云安区
21～64	惠阳区、龙门县、台山市、乳源瑶族自治县、香洲区、增城区、东源县、四会市、高要区、始兴县、丰顺县、惠东县、佛冈县、阳山县、和平县、德庆县、乐昌市
<21	其他县区

根据表2-2统计可知,梅州、河源、茂名等大部分粤北、粤东北地区崩滑流地质灾害频发,而且河源、梅州、清远、韶关、肇庆等市的崩滑流地质灾害点均有100处计数以上的县区。珠三角地区的深圳市罗湖区、宝安区、广州市越秀区等经济发达地区,灾害点的密度也较高。相比之下,沿海的县区灾害点数较少。一方面,灾害点密度可以作为衡量区域地质灾害强度的参考指标,区域地质灾害点密度可以分为一次性灾害事件引起的群发地质灾害密度和历史上分布的地质灾害密度[54];另一方面,灾害点密度既能表明某一区域灾害的发育历史,也能预示该区域灾害未来的发展趋势[43],是灾害风险性评价的基础因子之一。书中灾害点密度的统计单位是县级行政区域,以各县级内每1000 km^{2}面积的历史崩滑流地质灾害点数量计算。经统计发现,梅州、河源、阳江、肇庆、茂名、韶关、清远等市所属的县区地质灾害点密度较高。相比之下,粤东、粤西沿海地区的灾害点密度较低(表2-3)。

表2-3 广东省各县区崩滑流灾害点密度空间分布分级统计表(自然间断点分级)

地质灾害点密度/ [个·(10^3 km^2)$^{-1}$]	行政区名称
66.78～161.88	连平县、云安区、福田区、海珠区、五华县、连南瑶族自治县、兴宁市、新丰县、越秀区、郁南县、广宁县、龙岗区、香洲区、蕉岭县、宝安区
36.26～66.77	电白区、翁源县、曲江区、龙川县、大埔县、高州市、平远县、紫金县、阳春市、清新区、连山壮族瑶族自治县、惠城区、新兴县、信宜市、罗定市

续表 2-3

地质灾害点密度/ [个·(10³km²)⁻¹]	行政区名称
18.37～36.25	始兴县、增城区、和平县、乐昌市、博罗县、英德市、云城区、黄埔区、惠阳区、德庆县、南山区、南雄市、端州区、白云区、封开县、梅县区、仁化县、四会市、佛冈县
7.13～18.36	南海区、陆河县、盐田区、饶平县、东源县、浈江区、禅城区、台山市、赤坎区、湘桥区、源城区、惠东县、龙门县、乳源瑶族自治县、武江区、阳山县、荔湾区、丰顺县、罗湖区、高要区
<7.13	其他县区

第三节 研究区域的选择

鉴于以上广东省崩滑流地质灾害的研究现状及对其分布的分析，崩滑流地质灾害的分布遍及广东全省，通过3种不同的尺度对广东省崩滑流地质灾害进行分析。首先，根据前人研究和已有的文献资料，对广东省崩滑流地质灾害进行区划，分析每个区划单位内的地质环境、降水、人类工程活动特征，并进行归纳总结；其次，以广东省崩滑流地质灾害历史数据点为基础，以县级为单位，对广东省崩滑流地质灾害的风险性进行整体性评价，得出基于县级的广东省崩滑流地质灾害危险性、易损性和风险性分布图；最后，在前面研究的基础上，提取出高程为400m以上的山区，选取山区面积分布最广泛的粤东、粤西、粤北地区作为研究对象，叠加地形坡度、土地利用类型、植被覆盖度、土壤侵蚀程度等因素，对崩塌、滑坡、泥石流地质灾害分别进行更深一步的分析，并在每个区域内再选出典型县市进行综合分析。

第三章　广东省崩滑流地质灾害的区划及影响因素

广东省是崩滑流地质灾害多发的省份之一。其中崩塌滑坡地质灾害的数量大,以中小型为主,稳定性差,发生具有不确定性、广泛性等特点。

本章在夏法等[55]、陆显超等[56]对广东省地质环境区划的基础上,运用 ArcGIS,将广东省的崩滑流地质灾害区域分成 3 个区划：Ⅰ区——粤北南岭丘陵山地区；Ⅱ区——粤东、粤西丘陵区；Ⅲ区——海岸带丘陵、台地、平原区。并总结出不同区划范围内的崩滑流地质灾害影响因素。

1. Ⅰ区崩滑流地质灾害的主要影响因素

(1)岩土特性。该区内风化岩屑和土体大面积分布,断裂带分布集中,还有容易受外力侵蚀的石灰岩,为崩滑流地质灾害提供了基础。

(2)地形地貌。该区属于南陵丘陵山地区,山高谷深,地形坡度最大,为崩滑流地质灾害的形成提供了可能性。

(3)降水。该区的清远市,属广东 3 个多雨中心之一；韶关市则具有雨期长、雨量大的特点。加上受热带气旋的影响,极易引发崩滑流地质灾害。

(4)人为工程。该区的许多铁路、公路建设,当地居民在山坡上开垦种植、切坡建房等,破坏了山体边坡的稳定性。

2. Ⅱ区崩滑流地质灾害的主要影响因素

(1)岩土特性。该区岩石风化程度大。风化的岩土为崩滑流地质灾害提供了物质基础。

(2)地形地貌。该区低山丘陵广布,以中低山和台地类型多,山势陡峻,坡度较陡。区内断裂带密度高,区域性深大断裂带多,容易造成崩滑流地质灾害。

(3)降水。该区域气候条件复杂,雨季受台风、强降雨、暴雨的影响较大,容易导致崩滑流地质灾害的发生。

(4)人为工程。山区居民的切坡建房、道路修建以及对植被的乱砍滥伐,是该区域崩滑流地质灾害发生的主要诱发因素。

3. Ⅲ区崩滑流地质灾害的主要影响因素

(1)岩土特性。该区的风化壳残积土、湛江组黏土、北海砂土、砂岩和页岩为崩滑流地质灾害提供了物质基础。

(2)地形地貌。该区的丘陵、台地,提供了滑坡发育的空间和运动条件。

(3)地震、地壳运动。该区是地质环境较为脆弱的一个地带,南澳、汕头、揭阳、阳江等是历史强震和潜在地震活跃区,地震多发生在 NEE 向、NNW 向和 NW 向活动断裂交会部位附近。地壳运动较活跃,为崩滑流地质灾害提供了可能。

(4)降雨。该区主要是亚热带季风气候,加上受到南海海洋性的影响,降雨量最大、最集中,为滑坡提供了润滑的作用。

(5)人为工程。该区域经济发达,诱发崩滑流地质灾害发生的主要工程活动包括城镇居民地的人工切坡、人为工程以及沿海、沿河道路的修建等。

第一节 广东省崩滑流地质灾害区划

根据地理上按水平纬度分带,可将广东省分为北、中、南 3 个部分;此外,结合垂直高度分带的原则,广东省的地势沿 NW-SE 走向逐渐降低。综合考虑以上两点,将广东省划分为粤北南岭丘陵山地区、粤东和粤西丘陵区,以及海岸带丘陵、台地、平原区 3 个部分,受各区域空间分布、地质环境、降水特征、人类工程活动等多方面因素的影响,各个区域崩滑流地质灾害的程度也各不相同。

(1)Ⅰ区——粤北南岭丘陵山地区。该区从行政区域上来看基本上处于广东省粤北地区,即韶关市和清远市。该区域在地势上属于广东省内最高的区域,最高峰石坑崆就位于该区[55],结合 ArcGIS 经统计分析可知,该区中崩滑流地质灾害高发带主要分布在清远市连山壮族瑶族自治县的大麦山镇,以及韶关市乐昌市的三溪镇—北乡镇一带,区域面积 1 188.51km²,占全省陆地面积的 0.66%;共有 129 个潜在地质灾害隐患点,灾害点密度为 0.11 个/km²。崩滑流地质灾害易发带主要分布在韶关市黄圃镇—翁源县一带、肇庆市怀集县一带[57]。

(2)Ⅱ区——粤东和粤西丘陵区。该区域是 3 个区中占全省面积比例最大的,地貌类型多以丘陵山地为主,且大部分是高程位于 200～500m 范围内的中低山区,也有少部分地区海拔达到 1000m 以上[55]。崩滑流地质灾害高易发区主要分布在茂名市信宜市白石-罗定千官、肇庆市封开县都平-新兴水台、清远市英德市连江口-从化良口、河源市和平县-紫金县-兴宁市、茂名市高州市-新城泗水等区域,这些区域总面积为 27 842.69km²,占全省陆地面积的 15.49%,共有 6602 个潜在地质灾害隐患点,灾害点密度为 0.24 个/km²。崩滑流地质灾害易发区主要分布在怀集汶朗-德庆高良、郁南-信宜-阳春-廉江、恩平大田-台山海宴(包括海岛)、连平大湖-新丰县、蕉岭北标-丰顺北斗等地,面积为 47 615.22km²,占全省陆地面积的 26.49%。潜在地质灾害隐患点 2840 个,灾害点密度为 0.06 个/km²[56]。

(3)Ⅲ区——海岸带丘陵、台地、平原区。该区域位于广东省东南沿海一带,包括珠江三角洲、韩江三角洲等平原地区[55]。该区域高程多在 200m 以下,崩滑流地质灾害点相比其他两个区域较少,且主要是受人为因素影响诱发。崩滑流地质灾害易发带主要分布在珠三角地区广州东北部和深圳市宝安-沙头角等地[56]。

第二节 广东省崩滑流地质灾害的影响因素

针对以上区划,本书从自然因素和人为因素两个方面对每个区的崩滑流地质灾害影响因素进行分析。

一、Ⅰ区主要影响因素

该区属南岭丘陵山地区域,自然环境极其复杂,地质灾害发生频繁,其中崩滑流地质灾害数量最多。灾害类型、形成因素各有不同,主要影响因素如下。

1. 地质环境

1)岩土特性

粤北的山区主要分布在西部方位的清远市连州市、连南瑶族自治县、连山壮族自治县和阳山县,北部的韶关市乳源瑶族自治县、乐昌市、仁化县以及东部地区的韶关市始兴县、翁源县和新丰县境内,这些地区中高程在500m以上的山区比例都非常大,地质岩性以侵入岩为主,也有部分碎屑岩和碳酸盐岩分布。同时,这些地区也是粤北地区断裂带分布较为集中的地区,受岩性和断裂带的双重影响,区域内风化岩石节理和裂隙发育较多,再加上土质与植被的影响,如遇暴雨等天气因素或人为工程活动使得植被遭到破坏,由于土质渗漏大,地表径流强力切割,易于崩塌成崩岗,形成大量的碎屑物,为崩滑流地质灾害提供了物质基础。

同时,该区石灰岩广布,主要分布在粤北的阳山、英德、曲江、清远、乐昌、翁源、连平等县(市)[57]。石灰岩属于可溶性岩石,加上亚热带季风气候的影响,岩石容易被侵蚀风化,岩石上部形成较厚的残坡积黏土盖层,为山地山体滑坡提供了地质条件。师刚强等[58]对清远市阳山县贤令山滑坡成因进行了分析,采用剩余推力传递法计算滑坡稳定系数。计算结果表明自重条件下滑坡处于稳定态,自重和暴雨条件下滑坡处于欠稳定态。

2)地形坡度、地貌

该区以中低山为主,山高谷深、山势陡峻,坡度陡,河流切割强烈[59]。魏平新等[40]利用ArcGIS 8.3,在广东省小流域底图基础上,综合全省历史滑坡及现代滑坡资料,生成了全省滑坡地质灾害易发程度分区图,并叠加了广东省地形坡度、地层岩性、地貌分布、降雨分布图分析,结果表明:广东省滑坡地质灾害易发区主要发生在地形坡度10°~45°之间,地貌分布多为中、小起伏山地以及丘陵地区,地层岩性多为极硬、次硬及软硬相间岩层,以及高降雨区。

2. 降雨

形成滑坡和泥石流地质灾害除了要有物质基础外,还需要有水作为润滑剂,推动滑坡的滑动。一般来说,地质灾害多发生在风化比较严重的斜坡岩土体上,下大暴雨时,土表层会变得松散,同时地下水压增加,对岩土体产生浮托作用,容易产生滑坡和泥石流等地质灾害。

经统计,I 区 2001—2010 年年平均降雨量为 1880mm,其中清远市属广东 3 个多雨中心之一,年平均降雨量达到 2200mm[58];韶关市年平均降雨量较清远市低,为 1560mm,但受亚热带湿润型季风气候影响,韶关市四季分明,雨季明显,其降雨具有雨量充沛,雨期集中等特点。根据文献及年鉴等资料统计,2001—2010 年间,韶关市共发生崩滑流地质灾害 712 次,其中崩塌 472 次,滑坡 218 次,泥石流 22 次,这当中一半以上是由降雨诱发的,给当地人民群众的生产生活带来了严重的危害。另外,据文献记载,1990—2004 年间,韶关市发生了数百起较大规模的地质灾害,共导致 205 人死亡,44 人受伤,造成数百亿直接和潜在的经济损失[60]。

极端天气、强降雨、暴雨使得该区崩滑流地质灾害频发。如 2006 年 7 月 15 日,粤北地区受强降雨影响引发特大洪灾,这期间仅韶关市乐昌市发生的地质灾害就达到 2750 处,造成 29 人死亡,31 人失踪,直接经济损失 5.3 亿元[60]。再如 2012 年 3 月 7 日,北江流域部分地区出现暴雨,造成粤北地区韶关、清远两市 3000 多人受灾,直接经济损失 186 万元,其中清远市清新区因暴雨引发的山体滑坡地质灾害,致使 7 人死亡,1 人受伤。

3. 人类工程活动

广东省是我国的经济强省,GDP 连续多年居全国首位,经济的发展带来的必定是人类工程活动的加剧,主要体现在各种道路和水利水电等公共设施的修建、矿山的开采以及居民开挖边坡建房几个方面,这些工程活动既会造成一些已有的崩塌、滑坡地质灾害点再次"复活",也会引发新的地质灾害点。据广东省地质环境监测总站统计,近 20 年来,由于人类工程活动引发或导致的崩滑流地质灾害数量占灾害总数的 70% 以上,尤其以广东省山区为主的县级居多,而 I 区山区分布广泛,更增加了崩滑流地质灾害发生的概率。引发崩滑流地质灾害的人类工程活动,主要表现在以下 4 个方面[61]。

(1)开挖边坡。在修建各类道路、厂房等工程时,人们经常会采取开挖边坡的方式,这就导致被开挖的斜坡形成坡度较大的高陡边坡,失去下部的支撑,从而增加崩塌、滑坡等地质灾害发生的可能性。

(2)矿山开采。这类工程活动引发的崩塌、滑坡或地面塌陷地质灾害在矿区非常常见。由于矿山开采需要放炮,从而带来非常强烈的振动,斜坡体受到振动会导致松动、垮塌,因此,矿山开采一定要按照严格的程序和规章制度来进行,否则就会导致灾害的发生。例如,2012 年 1 月 9 日,清远佛冈县两钩机司机偷采矿土,遇山体滑坡被埋死亡。

(3)堆填荷载。主要指的是在原有的山体或斜坡上堆积渣土或兴建楼房,这会增加原有斜坡的荷载量,当累积到一定程度,斜坡就会失去平衡,从而诱发崩塌、滑坡地质灾害。

(4)公路、铁路沿线。主要有京珠高速公路、粤赣高速公路,国道 106、323 线,省道 244、248、249、347 线等两侧的岩土体不稳定地段,特别是新建的坡体削方量大、坡高、坡陡且未加支护的地段,如遇强降雨容易发生崩塌和滑坡。I 区内京广铁路大瑶山一带的两侧岩土体不稳定地段，以及大瑶山隧道出现的漏水和顶板松散等地段，容易发生地面塌陷、隧道冒顶崩塌等地质灾害。

二、Ⅱ区主要影响因素

据广东省地质灾害防治"十二五"规划，粤东、粤西是崩滑流地质灾害重点防治区，粤东防治总面积为 18 748.56km²，粤西防治总面积为 10 015.36km²。

影响崩滑流地质灾害的因素可以从以下几个方面来分析。

1. 地质环境

1）岩土特性

该区 NE-SW 走向山脉众多，丘陵山地分布极为广泛，山地常见陡坡，丘陵多以中低丘陵为主；水系密布，流域分布主要有粤东地区的东江流域和粤西地区的西江流域；断裂带的走向也以 NE-SW 为主，是 3 个区划中断裂带密度最高的区域；区内植被覆盖度的差异较大，山区植被覆盖度高，城镇等居民区植被发育较差，造成这些区域的土壤侵蚀程度也较高。

该区岩性分布主要包括碎屑岩岩组、碳酸盐岩岩组、侵入岩组 3 个部分，受工程地质环境及气象气候等因素影响，区域内风化土层厚，侵蚀、剥蚀作用强烈。其中粤东区花岗岩和变质岩风化残积土层分布广，厚度大；粤西区岩石节理裂隙发育，风化作用强烈，覆盖层厚薄不一。风化的岩土造成斜坡的稳定性普遍较差，为崩滑流地质灾害提供了物质基础[56]。

2）地形地貌

致灾地质作用的形成与地形地貌关系密切，受地形和地质构造等条件的制约。从地形地貌上看，该区域内丘陵、山地、台地及平原几种类型都有分布，在粤东地区，崩滑流地质灾害最为密集的区域主要有梅州市的丰顺县、五华县，潮州市潮安区，河源市连平县，韶关市新丰县等。这些区域地形以丘陵山地为主，断裂带分布密度较大，如连平-恩平断裂带、紫金-博罗断裂带、崇安-河源断裂带等都有通过，增加了崩滑流地质灾害发生的可能性。粤西地区的崩滑流地质灾害主要分布在茂名市高州市、信宜市，阳江市阳春市等县级，这些区域也是粤西地区高程最大的区域，以山区为主，断裂带分布也较多，如四会-吴川断裂带等。此外，该区域内有已形成产业链的人工采石活动，对斜坡稳定性造成极大影响，进一步增大了崩滑流地质灾害发生的可能性。而在粤西地区南部的雷州半岛，地形以台地、平原为主，崩滑流地质灾害发生较少。

2. 降雨

降雨是该区域内诱发地质灾害的一个主要因素，由于该区部分属于海洋性气候区，气候条件复杂，每年 4~9 月为暴雨和台风集中期，容易引发崩滑流等地质灾害[56]。

降雨及台风对地质灾害的影响是循序渐进的。首先，降雨对地表的岩体有着侵蚀和切割作用，当雨水通过地表土层进入斜坡的土体空隙或岩石的缝隙之中，会使斜坡体增加自身的质量。其次,地下水通过强降雨的雨水补给,也会大大增加水压并使地下水的水位升高,由此产生对斜坡的浮托作用。当遇到暴雨时,在两者的共同作用下,崩滑流地质灾害极易发生。该区域内的阳江市阳春市是广东省三大多雨中心之一,多年平均降雨量达2000mm,大多数崩滑流地质灾害都是由降雨诱发的。

宫清华等[61]在《广东典型小流域滑坡灾害预测模型研究》一文中,通过实体调查获取滑坡资料,采用极限平衡法对梅州市松岗河小流域的斜坡稳定性进行了计算,并建立起流域内分布式水文模型。通过分析发现,在持续降雨作用下,地下水位上升,土壤饱和,孔隙水压力增大,就会对原有的岩土体强度和斜坡应力状态造成破坏,进而导致滑坡的发生,该研究进一步佐证了降雨对崩滑流地质灾害发生的影响。

3. 人为工程

1)切坡建房、交通路线的建设

该区的粤东北梅州市、河源市是客家人集中地,客家民居建房讲究风水,很多山区村庄民宅常常依山而建,有些甚至建在坡度较陡的山上,这就需要大量开挖边坡,但又缺少护坡措施,因此产生大量地质灾害隐患点。另外,随着经济的发展,道路交通的建设力度也越来越大,该区铁路、公路密度大,很多高等级公路沿水系两侧延伸,山区道路的建设也需要大量切坡,易发生崩滑流地质灾害。如国道321线粤西段(德庆—梧州)、国道324线粤西段(云城—罗定替宾)、省道1963线(南江口—贵子),由于修建道路时,对地貌条件与边坡的关系处理不当,导致这些路段经常发生崩塌、滑坡地质灾害[62]。

2)乱砍滥伐

山区经济不发达,农民大部分的能源取自生物能,而方式就是通过砍伐树木,在斜坡上开荒和种植作物,因此造成山体斜坡缺少支撑和缓冲作用,一旦遇到强降雨等极端天气,极易引发地质灾害。另外,农民的环保意识不足,对于植被在水土保持和防止地质灾害发生的重要性认识不够,砍伐植物后,没有植树造林,也使得裸露的山体、斜坡成为崩滑流地质灾害的发源地,给当地人民群众的生活带来极大的危害。

三、Ⅲ区主要影响因素

该区崩滑流地质灾害主要出现在雷州半岛徐闻海海岸边、湛江市岭北、珠三角深圳市、东莞市、惠州市惠东县,以及潮汕地区沿海等地。从灾害规模上看,该区域内发生的崩滑流地质灾害多属于中小型,危害程度多为轻中型,斜坡体的运动方式以高速剧冲为主,个别呈现多期滑动的特点。

该区崩滑流地质灾害的影响因素如下。

1. 地质环境

1)岩土特性

该区的风化壳残积土、湛江组黏土、北海砂土、砂岩和页岩等为崩滑流地质灾害提供了物质基础。

2）地形地貌

该区的地貌类型以丘陵、台地为主，崩滑流地质灾害多发生在相对高差在50～250m之间的地区，斜坡类型包括天然斜坡和人工边坡，坡度基本在30°以上。

3）地震、地壳运动

该区属于广东沿海地带，不仅是我国经济较发达的地区，同时也是我国地质环境较为脆弱及各类地质灾害较为发育的一个地带。地震多发生在NEE向、NNW向和NW向活动断裂交会部位附近，如汕头市、揭阳市、阳江市等是历史强震和潜在地震活跃区，地壳运动较活跃，为崩滑流地质灾害的发生提供了可能。

2. 降雨

该区主要是亚热带季风气候，加上受到南海海洋性的影响，降雨量在3个区中最大、最集中；另外台风为该区带来的暴雨、强降雨，都为滑坡提供了润滑的作用。

降雨的时空分布直接控制着丘陵和台地不稳定斜坡出现的概率，而崩滑流地质灾害的发生则是地表水和地下水的共同作用导致的[39]。魏敏[42]、李金湘[63]等通过研究发现，在降雨高峰期之后，尤其是当短期最大降雨强度超过70mm/h时，滑坡发生的概率猛增。如2008年6月13日，特大暴雨引发深圳市固戍社区朱坳山滑坡活动，滑坡规模约$4×10^4 m^3$，滑坡损坏坡脚地带居民建筑物。

3. 人为工程

受地形影响，该区域的人类工程活动主要包括城镇人工切坡形成的高人工边坡和由于植被破坏导致的天然边坡，沿水系、道路沿线的工程建设也加大了崩滑流地质灾害出现的概率。

2002年，深圳市光汇油库二期工程边坡发生滑坡，滑坡规模约$2.32×10^4 m^3$，滑坡毁坏了边坡的支护挡墙及护坡格构。2015年底，深圳市光明新区凤凰社区恒泰裕工业园发生了滑坡。滑坡发生的原因是该区域原是废弃的采石场，由于渣土和建筑垃圾堆放量过大，堆积坡度过陡，导致该人工堆土形成的斜坡失稳垮塌，并由此造成了非常严重的人员伤亡和经济损失。

第四章 广东省县级崩滑流
地质灾害风险性评价

本章在 ArcGIS 10.2 和 Excel 2010 软件平台上,采用相关分析和 GIS 空间叠加相结合的研究方法,分析各评价指标与广东省崩滑流地质灾害点计数(点密度)的相关关系,进而对广东省崩滑流地质灾害危险性、易损性进行分区与评价,最后得出崩滑流地质灾害风险性分区与评价结果。

本章仅从县级尺度上研究广东省崩滑流地质灾害的风险性,没有考虑县区内部的差异性,同时,因为缺乏数据资料,对地表的风化壳厚度以及岩性的易风化侵蚀程度也考虑不周。因此,在后文中将综合考虑基于土壤侵蚀程度、数字高程模型、地形坡度、坡向、植被覆盖度、土地利用类型等崩滑流地质灾害的影响因素,对应广东省的一些典型区域,进行进一步细化分析。

第一节 评价依据与方法

一、广东崩滑流地质灾害影响因素的评价依据

地质灾害是一个不确定事件,而风险是针对不确定事件而言的,因此就有了地质灾害风险评价研究的问题。地质灾害风险评价是对风险区遭受不同强度地质灾害的可能性及可能造成的灾害损失进行定量分析和评价,有狭义和广义之分:狭义上包括危险性评价和易损性评价,危险性的核心要素是地质灾害的活动程度,是自然属性特征的体现。易损性是承受特定灾害时候的综合能力的量度,是承灾体抵御能力的社会属性特征的体现。广义上除了上述两个特性外,还包括风险等级区划、风险的控制和管理等方面[64]。本章主要根据狭义上的风险性评价定义,对广东省县级崩滑流地质灾害进行评价。

有很多影响崩滑流地质灾害因素,各种因素之间又互相制约、互相影响,不同因素对灾害发生的影响力也有很大的差异,因此,在对其进行分析之前,对于因素的选取显得尤为重要。

影响崩滑流地质灾害发生的因素十分复杂多样,陈国华[62]将这些因素综合为内在因素和外在因素两个部分。内在因素以地层岩性、地形地貌、地质构造为主,外在因素以气象、植被、人类工程活动、水文地质条件和地震活动为主。内在因素是本质因素,对崩滑流地质灾害的发生有着根本上的影响,控制着斜坡的稳定性;外在因素起着促进作用,且变化性大,在

一定条件下可能成为崩滑流地质灾害发生的直接诱发因素。

李金湘[63]通过对广东省的地形地貌、岩土体类型、区域地质构造、大气降水、植被及人类工程活动等方面的调查分析,得出地质环境条件是广东省地质灾害发生的主要影响因素。此外,断裂带、水系的分布及人类工程活动也对地质灾害的发生有着一定的影响。也就是说,地质灾害的形成,是作为内在因素的地质环境与外部因素共同作用和变化的结果。

刘瑞华等[38]从地层岩性和岩土结构、地质构造、地貌特征、地下水、矿物成分与崩滑流的关系,叙述了滑坡的形成机制。笔者根据广东省防灾减灾年鉴(1996—2006年)进行统计,整理出广东省不同区域诱发滑坡的降雨强度(表4-1),认为暴雨和人类活动是滑坡的主要影响因素,提出了24h降雨量达到100~250mm,降雨强度50~70mm/h引发滑坡的概率较高,反之引发滑坡的概率较低。

表4-1 广东省不同区域引发滑坡降雨特征统计

滑坡发生时间	发生地点	前期雨量/mm	降雨时段/h	时段雨量/mm	降雨强度/(mm·h^{-1})
1994年5月24日	德庆官圩	258	3	165	55
1995年9月1日	信宜钱排、大城	547.9	—	—	66~77
1997年5月8日	广州花都狮洞	—	7	419	60
1997年6月25日	阳春潭水	1215	8	894	112
2000年4月14日	珠海	—	2.5	132	53
2000年4月28日	龙川—五华	—	1.5	80	53
2003年5月17日	大埔	—	4	196	49
2006年10月17日	连山	—	6	225	43

综上所述,由于崩滑流地质灾害影响因素的复杂性,使得对其进行稳定性研究和风险性评价非常难,只有对区域内的地质环境有足够的了解,并结合崩滑流地质灾害的发生机制进行研究,才能实现对崩滑流地质灾害的风险性评价,从而为灾害防治提供相应的依据。

二、评价方法

根据文献资料统计,崩滑流地质灾害目前所采用的评价方法有定性评价法、定量评价法、不确定性评价法、确定性与不确定性方法的结合、物理模拟法等[65]。在这里主要介绍定性评价法和定量评价法。

1. 定性评价法

常用的地质灾害定性评价方法有4种,分别是历史成因分析法、工程地质类比法、滑坡稳定性分析数据库和专家系统、图解法。它们的原理都是通过实地调查,分析影响斜坡稳定性的相关因素、作用机制、成因及演变等,进而得出有关斜坡目前的稳定性状态和未来发展的定性分析结论,并作出相应的评价[66]。

(1)历史成因分析法。

根据已发生地质灾害斜坡的地质环境,包括地形地貌等因素,对斜坡的演变规律进行分析,作出斜坡稳定性预测,进而进行评价。这种分析法适用于经前文区划得出的Ⅰ区、Ⅱ区中容易复发的地质灾害。对于已发生过崩塌、滑坡地质灾害的斜坡体,运用历史成因分析法判断其复发或转化的可能性。如:Ⅰ区的阳贤令山滑坡[42],位于清远市阳山国家地质公园金顶山的东南侧,滑坡体已历经数次滑动,目前仍处于活动状态,若发生短时间强降雨,极易引发大型山体滑坡;位于Ⅱ区粤东北地区河源市和平县的东山岭滑坡,所在区域人口分布比较集中,每到雨季,受强降雨及台风的影响,都会出现不同程度的变形,给当地居民的日常生活带来严重的危害[65]。

(2)工程地质类比法。

该方法在斜坡稳定性评价中的应用最为广泛,其实质是根据已有的斜坡稳定性分析经验,与相似的斜坡稳定性分析进行类比,结合实地调查分析,对要评价的斜坡体从影响因素、破坏机制等方面进行分析和判断。这种方法适用于Ⅰ区、Ⅱ区的公路、铁路沿线的路基、边坡的支护工程的对比。

(3)滑坡稳定性分析数据库和专家系统。

这种方法是建立在计算机技术、人工智能等的基础上的,通过实地的地质灾害调查研究,对崩滑流地质灾害点的位置、特征、影响因素等信息进行收集,经过统一的编辑处理后存储到数据库中,进一步结合专家经验,建立起可模拟再现人脑对于崩滑流地质灾害体演变的过程,使得用户可通过相关学科不同专家的经验数据进行地质灾害体的定性评价。这种自动化、精确度较高的分析方法,适用于广东省全省范围内崩滑流地质灾害的评价。

(4)图解法。

图解法主要有两种,分别是简单力学分析法和赤平投影分析法[67]。前者实质上是一种简化的数理分析法,其对于斜坡稳定性评价的作用主要体现在土质斜坡或具有弧形破坏面的全风化斜坡上;后者是利用赤平极射投影的原理,对斜坡体的滑动形态和方向等进行分析,并进一步对斜坡稳定性进行评价。

2. 定量评价法

定量评价法的计算,实质上都是基于定性的分析,因此,常用的定量评价法主要有3种,即极限平衡法、数值分析法和关键因素筛选法[66]。

(1)极限平衡法。

极限平衡法在工程中应用最为广泛,有Fellenius法、Bishop法、Sarma法、传递系数法等。其原理是基于力学原理,结合斜坡发生的影响因素和条件,对斜坡体进行不同荷载作用下的强度计算和分析,并通过多次比较和计算得出稳定性系数。基于这种方法建立模型和进行计算都相对简单,但受到假设条件与真实情况有区别等问题的影响,计算结果也会与实际情况有一定差异,因此,仍有很大的发展空间。

(2)数值分析法。

数值分析法主要有有限单元法(finite element method,FEM)、边界单元法(boundary element method,BEM)、离散元法、不连续变形分析(discontinues deformation analysis, DDA)等。其原理是通过某种具体的数学方法对斜坡变形情况、岩体应力变化过程等进行分析,得出边坡各点的局部稳定性系数,再通过进一步的计算和分析对斜坡稳定性进行评价。

这几种分析评价方法一般很少单独使用,大多是综合使用。在定性、定量综合的情况下,才能得出比较精确的稳定性评价。有以下几种运用形式。

孙杰等[68]对广东某蠕滑—拉裂型滑坡进行了大量的详细勘探,详细阐述了该滑坡的基本特征,研究分析了滑坡的成因机制及演化过程。在成因机制分析基础上,采用剩余推力传递法(Push法)对该滑坡天然状态及暴雨两种工况下的稳定性进行了计算和评价,为滑坡治理设计提供了重要的依据。

宫清华等[61]从梅州程江上游的小流域滑坡的形成机理出发,应用极限平衡法和基于离散元法的水文分布模型有效地集成,构建滑坡预测的水文—力学模型,确定小流域滑坡灾害的水文因子临界值,结合GIS技术进行模型的运算,并对小流域滑坡的稳定性进行分区,进而建立起适合广东省小流域的滑坡灾害预测模型。

(3)关键因素筛选法。

赵建华等[66]以浙江庆元地区为例,先采用百分比分段的方法将致灾因素数据进行类别划分,然后分别计算各致灾因素的两种指标大小,综合考虑两种指标以实现滑坡关键因素的筛选。当因素满足$I_{EL}>30\%$、P值<0.05的条件时,将该因素划入关键因素中。广东省内低山丘陵地区广泛分布,且自然条件与浙江庆元地区有一定的相似性,因此,这种对滑坡敏感性综合指标(I_{EL})和单因素方差分析结果(P)进行关键因素筛选的方法,对于广东省的Ⅰ区、Ⅱ区的山地丘陵区域崩滑流地质灾害危险性评价具有非常好的借鉴意义。在该项研究中,笔者比较分析了3种滑坡危险性评价模型,包括单变量评价模型、决策树评价模型和逻辑回归模型,具体分析如下。

①单变量评价模型。

根据这种模型对滑坡灾害的危险性评价最为简单。首先要做的是根据类别划分滑坡灾害的各个影响因素,并计算出滑坡敏感性指数;其次是利用第一步得出的指标,进行标准化处理,计算出各影响因素中每个类别的权值并赋给相应的格网单元;接下来将所有影响因素对应的格网进行栅格叠加,可以得到研究区域各个格网的综合指标;最后对结果图层中各个格网内的危险性指标值进行分级,就可以得到区域内滑坡灾害危险性分布图。

②决策树评价模型。

决策树算法的实质,是通过收集大量的经验数据,根据一定的标准进行归纳,并从中抽取出相应的判定规则和模式进行计算,从而对滑坡灾害进行分析和评价。赵建华等[69]利用决策树评价模型对滑坡灾害进行危险性评价的流程如图4-1所示。

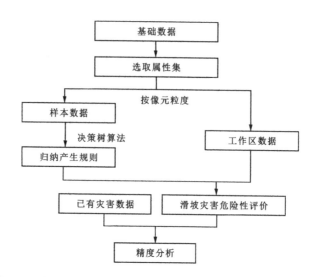

图4-1 利用决策树评价模型对滑坡灾害进行危险性评价的流程图

③逻辑回归模型。

该方法建立在逻辑回归方程式的基础上,根据 Dai 等[70]对香港大屿山岛屿自然滑坡危险性的评价研究,滑坡评价的逻辑回归计算模型为

$$p(x) = \frac{\exp(\sum_{i=0}^{p}\beta_i x_i)}{1 + \exp(\sum_{i=0}^{p}\beta_i x_i)} \quad (4-1)$$

式中:x_i 为滑坡相关因素变量;$p(x)$ 为滑坡发生概率;β_i 为回归模型参数。

对以上3种模型进行比较,单变量评价模型最为简单,计算方便,得到的结果也具有较高的准确性;决策树评价模型能迅速从大量样本中归纳出一般规则,并具有较高的精度;逻辑回归模型计算简单,但需要有大量样本数据的支持才能取得较好的效果。3种模型对滑坡地质灾害进行评价应用的结果如表4-2所示。

表4-2 3种滑坡评价模型应用结果比较

模型	样本分类	方法优点	样本数量	结果评价	不足之处
单变量评价模型	滑坡点、非滑坡点	计算最简单,不需要进行影响因素的选择	多	好	参与计算影响因素数量多
决策树评价模型	极不稳定点、不稳定点	计算简单,样本量少,规则较少	少	较好	需提供样本类别,有主观误差,需进行因素选择
逻辑回归模型	滑坡点、非滑坡点	计算方法简单,评价结果的物理意义明确	多	较差	参与计算影响因素数量多

综上所述,对崩滑流地质灾害的评价,必须建立在对所在区域地质环境充分了解的基础上,评价方法的选择,则需要结合实际情况进行确定。通过对广东省崩滑流地质灾害影响因素的分析,采用正确有效的评价方法进行评价,对于广东省人民群众的生产生活、广东省社会经济的可持续发展都有着十分重大的意义。

第二节 评价指标选取

根据本章第一节的分析,崩滑流地质灾害的致灾因子有很多,每种致灾因子对灾体的作用机理不同。各种致灾因子与灾体的诱发作用也因区域的不同而不同。针对广东省的自然地理特征,众多学者主要选取了以下几种致灾因子量化为评价指标以研究地质灾害的风险性(表4-3),在分析不同影响因素与崩滑流地质灾害点计数的相关性方面,本书采用相关性分析方法,来分析各影响因素与崩滑流地质灾害点计数之间的规律性。然后采用自然断点法进行分级,对广东省县级崩滑流地质灾害进行风险性评价。

表4-3 广东省崩滑流灾害致灾因子选取统计

资料来源	地质灾害类别	评价指标
余承君等[43]	崩滑流	岩石风化程度、断裂带分布密度、≥25°坡地百分比、多年平均降雨量、多年平均月降雨量变差系数、多年平均≥50mm暴雨日数、≥30°坡地道路密度、岩溶面积百分比
燕丽萍[37]	泥石流	地质地貌条件、气候水文条件、人类活动条件
魏平新等[10]	滑坡	地形坡度、地层岩性、地貌、降雨分布
陆显超[44]	滑坡	坡度、地层岩性、岩土体结构、水文地质、植被覆盖率、降雨分布、地震、人类经济工程活动

依据表4-3和现有资料,在县级评价单元的基础上,选取地层岩性、地形特征、断裂带分布状况、降水量、水系分布、建成区状况、道路工程7个评价指标,在ArcGIS 10.0软件平台地图矢量化和空间叠加分析功能的基础上,结合Excel 2010软件来统计分析各指标与崩滑流地质灾害危险性的相关程度。

第三节 评价指标与崩滑流地质灾害危险性的相关研究

一、地层岩性

地层岩性是地质灾害发生的一个基本条件,同时也是地质灾害发生的一个定性因素。

不同的岩性对地质灾害的发生有着不同的影响[71]。易顺民等[39]统计了典型崩滑流地质灾害空间分布特征与地层岩性的关系(表4-4)。

表4-4 典型崩滑流地质灾害空间分布特征与地层岩性的关系统计

崩塌		滑坡		泥石流	
岩层类别	百分比/%	斜坡岩性类别	百分比/%	岩层类别	百分比/%
岩浆岩	15.30	残积坡土类	59.30	残积坡土类	30.59
变质岩	18.30	页岩类	18.60	花岗岩风化层	24.71
碎屑岩	17.60	泥质岩类	7.10	泥质岩类	11.77
碳酸盐岩	11.60	凝灰岩类	3.80	页岩及千枚岩	15.30
松散岩	37.20	其他	11.20	人工堆积层	17.65

表4-4显示，广东省崩滑流地质灾害发生地点往往具有松散岩、碎屑岩和残积坡土广泛分布的特征。因松散岩、残积坡土的分布与各地岩石的风化程度、人为工程等因素密切相关，空间差异性较不明显。而碎屑岩是由受内外力作用下机械破碎的岩石残余物，经过搬运、沉积、压实、胶结等一系列过程后形成的新的岩石，空间差异性较为明显。根据1∶100万《广东省地质图》(资料来源于《广东省志·总述》[72])，最终将广东省出露地表的岩层分为6类：侵入岩、火山岩、碎屑岩、碳酸盐岩、第四纪松散堆积层(包括残积、坡积和冲积层)、震旦纪变质岩。采用各岩层面积占县区面积的百分比来衡量各县区各类岩性的空间分布状况与地质灾害点密度之间的关系(图4-2—图4-7)。

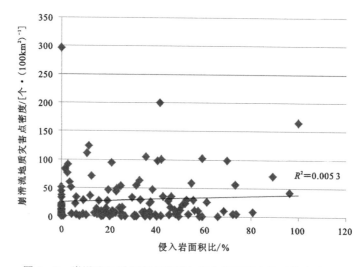

图4-2 崩滑流地质灾害点密度与侵入岩面积比关系散点分布图

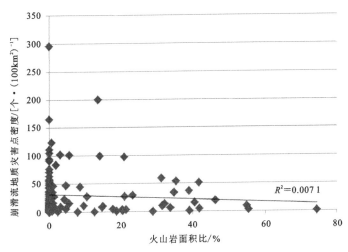

图 4-3 崩滑流地质灾害点密度与火山岩面积比关系散点分布图

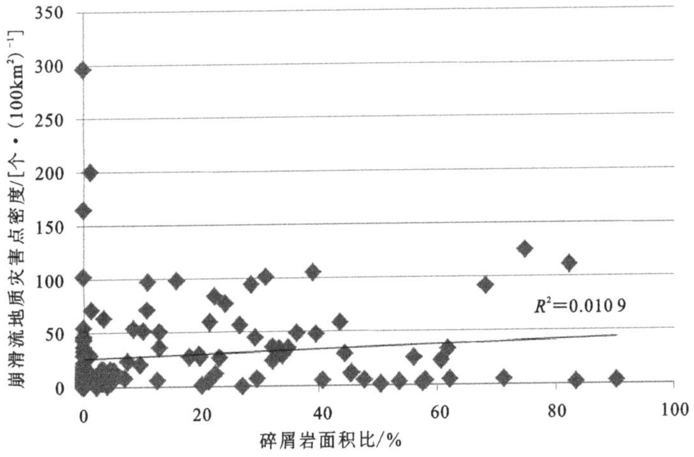

图 4-4 崩滑流地质灾害点密度与碎屑岩面积比关系散点分布图

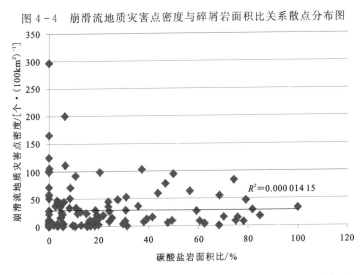

图 4-5 崩滑流地质灾害点密度与碳酸盐岩面积比关系散点分布图

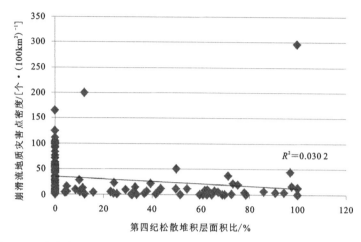

图4-6 崩滑流地质灾害点密度与第四纪松散堆积层面积比关系散点分布图

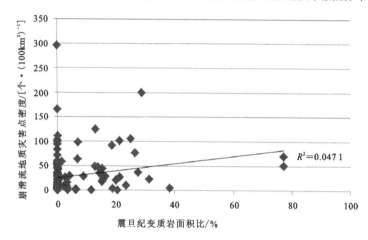

图4-7 崩滑流地质灾害点密度与震旦纪变质岩面积比关系散点分布图

图4-2—图4-7显示,崩滑流地质灾害点密度与侵入岩面积比($R^2=0.0053$)、碎屑岩($R^2=0.0109$)、碳酸盐岩面积比($R^2=0.00001415$)、震旦纪变质岩面积比($R^2=0.0471$)均呈弱正相关。其中,与震旦纪变质岩面积比相关性最强,与碎屑岩面积比相关性次之。震旦纪变质岩多以泥岩、砂岩类风化物为主,易受风化侵蚀,易发生崩塌、塌陷等地质灾害;碎屑岩包括砾岩、砂岩、泥质岩和页岩等,其质地比较松散,易导致崩塌、塌陷等地质灾害;碳酸盐岩区域岩溶地段发育较广,石灰岩裂隙发育,岩性富水程度强;侵入岩在广东省发育分散且广泛,同时比较坚硬,容易风化,多数地质灾害发生在以侵入岩为基岩的风化残积层中。

崩滑流地质灾害点密度与第四纪松散堆积层面积比($R^2=0.0302$)、火山岩面积比($R^2=0.0071$)呈弱负相关。火山岩又可以细分为溢流岩和喷出岩,喷出岩再沉积下来后形成火山碎屑岩,粤西、粤东沿海地区广泛分布火山碎屑岩,虽然质地比较松散,但受多种因素影响,沿海地区地质灾害发生较少;第四纪松散堆积层表示在地质图上的主要为出露地表的冲-洪积层、湖积层、海积层和三角洲沉积层,这些区域地形相对平缓,海拔高度和相对高差不大(除了雷州半岛局部高台地以外),因此,不容易出现崩塌或滑坡。

二、最大相对高差

崩滑流地质灾害与坡度、坡向、高程均有非常紧密的联系[73]。最大相对高差在这里是指各县级行政单元内海拔最高值与海拔最低值的差值,可以总体反映该县级行政单元的地形起伏状况。广东省崩滑流地质灾害点较多的区域大部分都位于山区,其相对高差一般较大。并且,崩滑流地质灾害点计数与相对高差呈现显著正相关($R^2=0.2599$)。进一步分析,崩滑流地质灾害点计数较高的区域,最大相对高差多集中在800~1700m之间,而最大相对高差在800m以下的区域,崩滑流地质灾害点计数普遍较少(图4-8)。

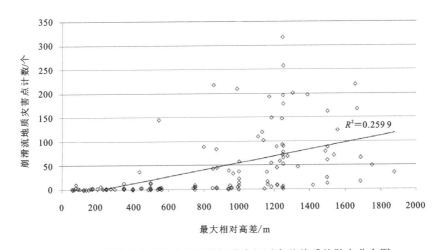

图4-8 崩滑流地质灾害点计数与最大相对高差关系的散点分布图

三、断裂带分布状况

断层是地质构造活动的直接证据,地壳的挤压力和张力使断层两侧的岩块发生相对位移。许多崩滑流地质灾害都是沿断层面滑动的,一个区域内的断裂带密度越大,就说明这个区域地表的稳定性越差,相应的地层岩石也更加破碎,因而更加容易产出松散固体物质,崩滑流地质灾害也就越容易发生[43]。为了量化指标,根据1∶100万《广东省地质构造图》(资料来源于《广东省志·总述》[72])中对于广东省境内断裂带的分类,将其分为主要断裂和一般断裂两种,采用各县区断裂带分布密度[即各县区内每1km²所存在的断裂带长度(m)]来衡量崩滑流地质灾害点与断裂带分布的关系。分析得出,随着断裂带分布密度的增加,崩滑流地质灾害点个数也在增加,但增速较慢;同时,在断裂带分布密度很低的县区中也存在崩滑流地质灾害点分布密度很高的现象,在断裂带分布密度很高的县区中也存在崩滑流地质灾害点分布密度很低的现象。可见,断裂带分布密度与崩滑流地质灾害点的分布密度之间虽然呈正相关,但相关性并不高($R^2=0.0133$)(图4-9)。

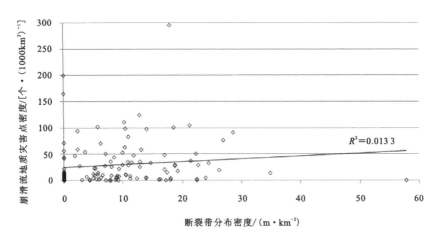

图 4-9　广东各县区崩滑流地质灾害点密度与断裂带分布密度关系散点分布图

四、降雨量

　　斜坡面的稳定性受到地表径流的影响,而降水量对地表径流有直接的影响作用,为崩滑流地质灾害的发生提供了水动力条件。选取多年年平均降水量、最大 24h 点雨量多年平均值、最大 3d 点雨量多年平均值 3 个指标衡量各县区降雨量特征。其中多年平均降雨量数据资料来源于中国天气网,采用的是 2001—2010 年共 10 年的降雨量平均值,虽统计数据不是最新的,但因多年平均年降雨量是比较稳定的地带性气候条件,年际变化不大,故资料数据可以代表广东省多年平均降雨量这一指标数值。广东省强降雨诱发的地质灾害并不少见,最大 24h 点雨量多年平均值与最大 3d 点雨量多年平均值这两个指标可以反映高强度、短历时的降雨特征,而具备这类特征的降雨对崩滑流地质灾害的发生具有直接的影响。本书同时统计了 2001—2010 年最大 24h 和最大 3d 点雨量多年平均值(资料来源于《广东省志·自然灾害志》[53])。采用自然间断点分级法将以上 3 个指标进行分级,得到如下统计结果(表 4-5—表 4-7)。

表 4-5　广东省多年平均降雨量分级统计表(自然间断点分级法)

多年平均降雨量/mm	县级行政区划名称
1300～1500	顺德区、潮安区、禅城区、南海区、番禺区、梅江区、梅县区、郁南县、坡头区、吴川市、霞山区、封开县、兴宁市、饶平县、南沙区、电白区、茂南区、大埔县、五华县、连州市、澄海区、乐昌市、武江区、浈江区、罗定市、云安区、云城区、雷州市、徐闻县、德庆县、鼎湖区

续表 4-5

多年平均降雨量/mm	县级行政区划名称
1501~1650	南雄市、曲江区、东莞市、白云区、海珠区、黄埔区、荔湾区、萝岗区、天河区、越秀区、龙川县、江海区、平远县、连南瑶族自治县、阳山县、潮阳区、濠江区、金平区、龙湖区、南澳县、仁化县、乳源瑶族自治县、始兴县、新兴县、赤坎区、麻章区、遂溪县、端州区、高要区、紫金县、博罗县、惠城区、廉江市、广宁县
1651~1850	高明区、三水区、花都区、增城区、和平县、连平县、鹤山市、化州市、蕉岭县、连山壮族瑶族自治县、翁源县、宝安区、福田区、龙岗区、罗湖区、中山市、东源县、惠阳区、蓬江区、新会区、信宜市、南山区、盐田区、怀集县、四会市、湘桥区、从化区、源城区、惠东县、开平市、揭东区、高州市、潮南区、新丰县、香洲区、台山市、榕城区
1851~2100	惠来县、英德市、普宁市、丰顺县、汕尾市城区、陆丰市、斗门区、金湾区、龙门县、揭西县、阳东区
2101~2500	陆河县、江城区、阳春市、佛冈县、恩平市、清城区、海丰县、阳西县、清新区

表 4-6 广东省最大 24h 点雨量多年平均值分级统计表（自然间断点分级法）

最大 24h 点雨量多年平均值/mm	县级行政区划名称
100~125	连州市、乐昌市、南雄市、连南瑶族自治县、梅江区、梅县区、郁南县、封开县、兴宁市、武江区、浈江区、曲江区、龙川县、平远县、阳山县、仁化县、乳源瑶族自治县、始兴县、五华县、连山壮族瑶族自治县、大埔县、罗定市、云安区、云城区、德庆县、和平县、连平县、蕉岭县、翁源县、东源县、鼎湖区、端州区、高要区、广宁县、怀集县、四会市
126~150	南海区、新兴县、高明区、三水区、新丰县、鹤山市、顺德区、禅城区、番禺区、东莞市、白云区、天河区、越秀区、紫金县、花都区、南沙区、海珠区、荔湾区、萝岗区、博罗县、信宜市、湘桥区、源城区、高州市、英德市
151~180	增城区、蓬江区、从化区、开平市、潮安区、饶平县、电白区、黄埔区、江海区、麻章区、遂溪县、惠城区、廉江市、揭东区、榕城区、丰顺县、新会区、佛冈县、恩平市、吴川市、澄海区、濠江区、金平区、龙湖区、南澳县、赤坎区、中山市、潮南区、清城区、清新区、化州市、惠阳区、台山市、龙门县、茂南区
181~210	雷州市、徐闻县、潮阳区、惠东县、斗门区、揭西县、坡头区、霞山区、宝安区、福田区、龙岗区、罗湖区、南山区、盐田区、香洲区、金湾区、惠来县、阳东区、江城区
211~250	汕尾市城区、阳春市、陆河县、普宁市、陆丰市、阳西县、海丰县

表 4-7 广东省最大 3d 点雨量多年平均值分级统计表（自然间断点分级法）

最大 3d 点雨量多年平均值/mm	县级行政区划名称
100～200	连州市、南雄市、连南瑶族自治县、兴宁市、曲江区、龙川县、平远县、大埔县、鼎湖区、高要区、梅江区、梅县区、郁南县、封开县、仁化县、始兴县、五华县、连山壮族瑶族自治县、蕉岭县、四会市、阳春市、乐昌市、武江区、浈江区、乳源瑶族自治县、罗定市、云安区、云城区、和平县、连平县、翁源县、东源县、端州区、广宁县、怀集县、新兴县、新丰县、鹤山市、紫金县、信宜市、增城区、蓬江区、从化区、开平市、揭东区、榕城区、佛冈县、恩平市、吴川市、台山市
201～300	德庆县、南海区、高明区、三水区、顺德区、禅城区、番禺区、白云区、天河区、越秀区、花都区、南沙区、海珠区、荔湾区、萝岗区、湘桥区、源城区、英德市、电白区、黄埔区、江海区、麻章区、遂溪县、惠城区、廉江市、丰顺县、龙湖区、南澳县、惠阳区、潮阳区、揭西县、坡头区、霞山区、宝安区、福田区、龙岗区、罗湖区、南山区、香洲区、金湾区、惠来县
301～700	阳山县、博罗县、高州市、潮安区、饶平县、新会区、澄海区、濠江区、金平区、赤坎区、中山市、潮南区、清城区、清新区、雷州市、徐闻县、斗门区、盐田区、汕尾市城区、东莞市、化州市、龙门县、惠东县、阳东区、陆河县、普宁市
701～1100	江城区、茂南区、海丰县
1101～1300	阳西县、陆丰市

图 4-10—图 4-12 显示，崩滑流地质灾害点计数与多年平均降雨量呈弱负相关（R^2=0.0017）。粤东沿海地区、粤中清远南部、韶关西部，还有粤西阳江市沿海地区，多年平均降雨量值较高，有些已经达到 1800mm 以上。但是，这些地区崩滑流地质灾害点数并不多，尤其是粤东沿海地区，很少有地质灾害点分布。相比之下，反而多年平均降雨量在 1500～1800mm 的粤北、粤中、粤东北地区，崩滑流地质灾害点较多。在有 100 个以上地质灾害点的 19 个县区中，有 14 个县多年平均降雨量值介于 1500～1800mm 之间。可见，仅有较高的多年平均降雨量，并不会导致崩滑流地质灾害多发。各县区崩滑流地质灾害点计数与最大 24h 点雨量和最大 3d 点雨量均呈较弱的负相关关系（R^2 分别为 0.1279 和 0.1116）。统计发现，广东省沿海地区最大 24h 点雨量多年平均值大多在 190mm 以上，但这些地区的崩滑流地质灾害点数并不多；相比之下，粤北山区的最大 24h 点雨量多年平均值多在 150mm 以下，但崩滑流地质灾害点数却很多。在有 100 个以上灾害点的 19 个县区中，有 16 个县区最大 24h 点雨量多年平均值多在 150mm 以下。与之相似，最大 3d 点雨量多年平均值也呈现相似的规律性。崩滑流地质灾害点计数较高的地区最大 3d 点雨量多集中在 100～500mm 之间。可见，仅仅靠高强度、短历时的暴雨并不足以使崩滑流地质灾害频发。

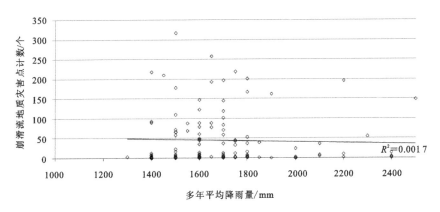

图 4-10　崩滑流地质灾害点计数与多年平均降雨量的关系散点分布图

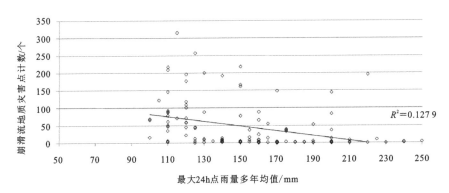

图 4-11　崩滑流地质灾害点计数与最大 24h 点雨量多年平均值的关系散点分布图

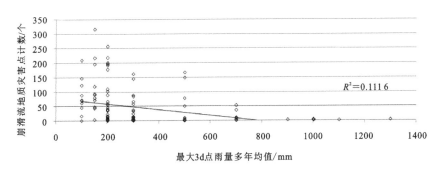

图 4-12　崩滑流地质灾害点计数与最大 3d 点雨量多年平均值的关系散点分布图

五、水系分布状况

滑坡和泥石流的发生都需要一定的水动力条件。水系分布可以反映流域内地表径流的作用，并可以从侧面反映地形特征。以各县区水系密度[每 1km² 面积内的水系长度(m)]衡量各县区的水系分布状况。分析显示,随着水系密度的增加,崩滑流地质灾害点密度呈递减趋势,两者呈负相关($R^2=0.0614$)(图4-13)。

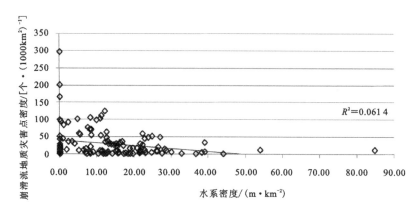

图4-13 崩滑流地质灾害点密度与水系密度关系散点分布图

六、建成区状况

随着经济的发展,人类经济活动和工程活动的范围和强度越来越大,对自然地理环境的改造能力也越来越强。在人类获得巨大的经济效益的同时,对自然地理环境的破坏愈加严重。切坡建房等人类工程活动诱发的地质灾害也是频繁发生。所以,在地质灾害危险度评价的过程中,人类活动的影响是不可忽视的。因此,采用城市建成区面积比(建成区与所在县级行政区划单元面积的比值)来衡量人类活动改造自然的程度(图4-14)。

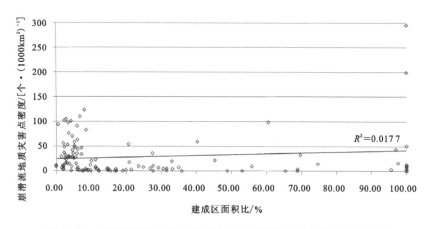

图4-14 崩滑流地质灾害点密度与建成区面积比的关系散点分布图

从图4-14中可以看出,崩滑流地质灾害点密度与建成区面积比呈弱正相关关系($R^2=0.0177$)。建成区面积比在0~10%之间的县区数量较多且崩滑流地质灾害点密度跨度在0~150个/1000km²;建成区面积比处于10%~100%的县区其建成区面积比与崩滑流地质灾害点密度呈正相关。根据图4-14,结合广东省建成区实际分布情况,可知粤北、粤东北和粤西地区的建成区分布小且分散,建成区面积占县区总面积的比例普遍较小,但由于不少县区相对高差较大,崩滑流地质灾害点密度普遍较高。而珠三角地区经济发达、粤东地区人口密集,很多县区的建成区面积比均达到100%,但由于处于沿海低地地区,相对高差较小,崩滑流地质灾害点密度不高。然而,也存在地质灾害点密度极高且建成区面积比达到100%的县区,比如广州越秀区和深圳的宝安区等,这些县区崩滑流地质灾害点密度高可能主要是因为建成区的工程活动频繁和行政区面积较小。

七、道路工程状况

随着城市化的发展,道路工程建设强度和范围越来越大。据统计,广东省地质灾害点很多都沿着道路分布,由道路工程不合理诱发的地质灾害越来越频发。以各县区道路长度与县区行政区面积之比计为道路密度(m/km²)来衡量各县区道路工程的范围和强度。总体上,广东省各县区道路密度与崩滑流地质灾害点密度呈弱正相关($R^2=0.0177$)。这是因为,广东省道路密度较大的地区主要是珠三角地区和粤东沿海地区。两区因处于沿海低地地区,相对高差较小,崩滑流灾害并不频发。但是,道路密度在50~150km/km²的范围内,相当数量的县区的灾害点密度都较高,且随着道路密度的增加,这些县区的地质灾害点密度呈现明显上升的趋势(图4-15)。

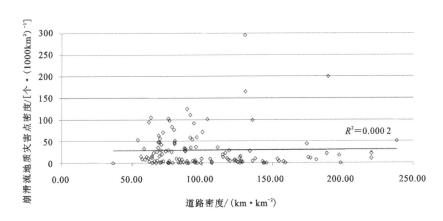

图4-15　广东省崩滑流地质灾害点密度与道路密度的关系散点分布图

第四节　评价指标权重确定

基于以上分析发现,崩滑流地质灾害的发生并不是单一因素的结果,而是许多致灾因子相互关系、相互作用的结果,是地壳内部和地表过程内外力作用共同诱发造成的。各个致灾因子均对地质灾害的发生发挥着不同的作用,并具有不同作用强度。因此,要对崩滑流地质灾害的危险性进行评价,须对各个致灾因子赋予权重值。因子赋权的方法有客观赋权法和主观赋权法两种。客观赋权法有熵权法、复相关系数法、离散系数法、灰色关联分析赋权法、独立信息数据波动赋权法等[74];主观赋权法有 AHP 法、德尔菲法等。两种赋权方法各有优缺点。客观赋权法以统计数据为基础,采用描述统计的方法和系统论原理对数据进行处理。在评价指标选取科学的条件下,客观赋权法不受人为因素的干扰,可以得到较为科学的评价结果。但客观赋权法往往是从数学到数学的建模,如果没有有效的实际的科学验证,往往其结果的不确定性和误差是较大的。主观赋权法往往适用于非线性属性的评价方法,通过专家打分的方法对评价指标进行赋权,其依据是专家的经验。主观赋权法容易受到主观经验的影响,但如果样本数量足够,打分环节科学合理,加上一致性检验合格,也能作出较为科学合理的评价结果。本章采用客观赋权法和主观赋权法相结合的方式,讨论评价指标对崩滑流地质灾害发生的作用强度,进而加以赋权。

根据上述分析,经统计得出各评价指标与崩滑流地质灾害点密度(或点计数)的相关系数(表 4-8)。

表 4-8　各评价指标与崩滑流地质灾害点密度(或点计数)的相关系数统计

评价指标	指标要素	R^2 值	R 值
地层岩性	侵入岩面积比	0.005 3	0.072 8
	碎屑岩面积比	0.010 9	0.104 4
	火山岩面积比	0.007 1	−0.084 3
	碳酸盐岩面积比	0.000 014	0.003 7
	第四纪松散堆积层面积比	0.030 2	−0.173 8
	震旦纪变质岩面积比	0.047 1	0.217 0
地形特征	最大相对高差	0.259 9	0.509 8
断裂带分布状况	断裂带分布密度	0.013 3	0.115 8
降雨量	多年平均降水量	0.001 7	−0.041 2
	最大 24h 点雨量多年平均值	0.127 9	−0.357 6
	最大 3d 点雨量多年平均值	0.111 6	−0.334 1
水系分布	水系密度	0.061 4	−0.247 8
建成区状况	建成区面积比	0.017 7	0.133 0
道路工程	道路密度	0.000 2	0.014 1

表 4-5 显示,在各评价指标要素中,最大相对高差与崩滑流地质灾害点计数的相关系数要远远高于其他评价指标的相关系数,达到 0.509 8。而且,根据上述分析可以发现,降水量与崩滑流地质灾害点计数呈现负相关的重要原因之一就是相对高差较小的沿海低地地区

降雨量相对丰沛;质地松散的第四纪松散堆积层面积比与崩滑流地质灾害点密度呈负相关的重要原因之一也是相对高差较小的沿海低地地区第四纪页岩、泥质岩广泛发育;建成区面积比和道路密度大的地区也是因为地形较为平坦,造成崩滑流地质灾害发生相对不频繁。所以,反映地形起伏状况的最大相对高差这一因素对其他因素与崩滑流地质灾害发生的相关性产生了重要影响,有些产生了"阻力"因素。

根据以上结果,相对高差的存在对分析其他因素对崩滑流地质灾害危险性的作用存有影响,同时,考虑到其他因素之间独立性较强,在分析其他因素的作用时,就需要将最大相对高差进行分级讨论。观察在不同的最大相对高差条件下,其他评价指标与崩滑流地质灾害点密度(或点计数)的相关系数之变化,并找出其内在的规律。以高差100m作为分级单位,统计在不同的最大相对高差范围内,得到各县区其他的评价指标与崩滑流地质灾害点密度(或点计数)的相关系数之变化(表4-9)。

纵向比较来看(图4-16),随着最大相对高差起算高程的增大,最大相对高差因子本身与崩滑流地质灾害点计数的相关系数逐渐递减,两者的相关性越来越小,在最大相对高差≥1200m和≥1300m的县区中,最大相对高差与崩滑流地质灾害点计数已经呈负相关,而后在最大相对高差≥1400m的县区中,两者的相关性有所回升。

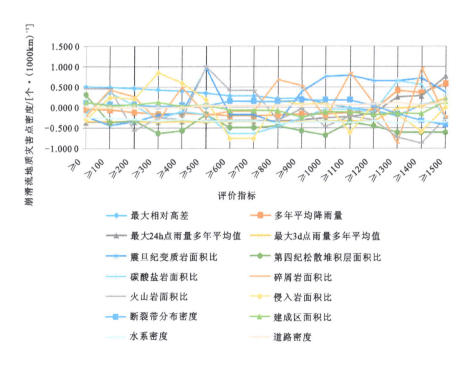

图4-16 最大相对高差分级条件下各评价指标与崩滑流地质灾害点密度
(或点计数)相关系数变化趋势图

随着最大相对高差起算高程的增大,3个降雨量指标(多年平均降雨量、最大24h点雨量多年平均值、最大3d点雨量多年平均值)与崩滑流地质灾害点计数的相关系数总体上呈

表4-9 不同最大相对高差范围内评价指标与崩滑流地质灾害点密度(或点计数)相关系数统计

最大相对高差分级/m	最大相对高差	多年平均降雨量	最大24h点雨量多年平均值	最大3d点雨量多年平均值	震旦纪变质岩面积比	第四纪松散堆积层面积比	碳酸盐岩面积比	碎屑岩面积比	火山岩面积比	侵入岩面积比	断裂带分布密度	建成区面积比	水系密度	道路密度
≥0	0.509 8	−0.041 2	−0.357 6	−0.334 1	−0.217	0.304 3	−0.144 9	−0.217	0.462 1	−0.291 2	0.115 3	0.133 0	−0.247 8	0.014 1
≥100	0.494 4	−0.064 8	−0.360 6	−0.334 7	−0.440 7	−0.372 7	0.369 3	0.424 6	0.462 1	0.235 2	0.072 8	0.044 7	−0.247 6	0.005 5
≥200	0.471 6	−0.118 7	−0.349 1	−0.343 9	−0.344 8	−0.322 8	0.052	0.262 5	−0.562 7	0.206 1	0.069 3	0.070 7	−0.284 1	0.008 9
≥300	0.437 5	−0.160 6	−0.342 8	−0.345 4	−0.187 1	−0.629 8	−0.278 4	−0.333 2	−0.246	0.845 9	0.022 4	0.134 2	−0.325 7	0.007 7
≥400	0.404 7	−0.156 2	−0.324 8	−0.340 4	−0.137 1	−0.567 6	−0.09	0.493 2	−0.287 6	0.591 9	0.050 0	0.030 0	−0.287 4	0.003 2
≥500	0.353 3	−0.170 6	−0.320 5	−0.349 8	0.970 1	−0.167 3	−0.165 5	−0.193 4	0.994 3	0.190 8	0.036 0	0.068 6	−0.324 6	0.050 0
≥600	0.285 5	−0.203 5	−0.327 1	−0.334 4	−0.179 2	−0.494 4	−0.631	−0.098	0.418 4	−0.756 4	0.155 9	−0.064 8	−0.321 7	0.034 6
≥700	0.285 5	−0.203 5	−0.327 1	−0.334 4	−0.179 2	−0.494 4	−0.631	−0.098	0.418 4	−0.756 4	0.155 9	−0.064 8	−0.321 7	0.034 6
≥800	0.222 7	−0.188 1	−0.332 3	−0.347 4	−0.389	−0.444 6	−0.457 2	0.676 6	−0.319 2	0.176 6	0.153 0	−0.074 2	−0.379 5	0.054 7
≥900	0.230 0	−0.163 4	−0.307 4	−0.350 7	0.391 4	−0.569 4	−0.246 6	0.530 1	−0.03	0.076 8	0.187 9	−0.236 0	−0.365 9	0.062 8
≥1000	0.099 5	−0.162 5	−0.252 2	−0.323 1	0.760 4	−0.674 3	−0.033 2	−0.255 3	−0.464 3	0.102 5	0.187 9	−0.098 5	−0.343 9	0.074 8
≥1100	0.003 2	−0.130	−0.233 5	−0.320 3	0.787 3	−0.361 0	−0.044 7	0.844	0.214 5	−0.610 4	0.187 1	−0.108 2	−0.359 1	0.061 6
≥1200	−0.060 8	−0.058 3	−0.140 0	−0.325 9	0.658 1	−0.451 8	−0.107 7	0.104 4	−0.299 7	0.067	0.060 8	−0.169 1	−0.320 5	0.089 4
≥1300	−0.194 9	0.419 4	0.259 8	−0.014 1	0.658 1	−0.608 7	0.656 8	−0.868 4	−0.729 7	−0.175 8	−0.147 6	−0.131 9	−0.375 8	0.120 0
≥1400	0.063 2	0.367 8	0.283 4	0.020 0	0.718 2	−0.608 7	0.561 2	0.965 8	−0.868 8	−0.586 3	−0.319 7	−0.139 6	−0.324 8	0.061 6
≥1500	0.207 8	0.584 6	0.765 6	0.232 8	0.375 8	−0.608 7	−0.235 4	−0.220 1	−0.271 3	0.000 1	−0.424 4	0.157 5	−0.356 1	0.123 7

现逐渐递增的趋势,其中最大24h点雨量多年平均值的递增趋势最为明显。但是在最大相对高差＜1300m以内的情况下,仍没有突破负相关的界限,而在最大相对高差≥1300m的条件下,相关性突增。这体现出在最大相对高差越大的县区中,降雨量越来越成为一个重要乃至主要的致灾因子。其中,在最大相对高差≥1500m的范围内,最大24h点雨量多年平均值和多年平均降雨量与崩滑流地质灾害点计数的相关系数已经分别接近0.8和0.6。

随着最大相对高差起算高程的增大,6个地层岩性指标(侵入岩面积比、碎屑岩面积比、火山岩面积比、碳酸盐岩面积比、第四纪松散堆积层面积比、震旦纪变质岩面积比)与崩滑流地质灾害点密度的相关系数变化呈现出了不同的特点。其中,侵入岩面积比的波动较大,没有明显的规律性,这是由于花岗岩在广东境内分布广泛而分散造成的;碎屑岩面积比的相关系数呈现出较大的变化趋势,也是由于碎屑岩地理分布的不均匀性造成的;碳酸盐岩面积比呈现出先减后增的趋势,这也是不同的最大相对高差的县区与石灰岩分布的地理位置的拟合程度的结果;火山岩面积比和震旦纪变质岩面积比相关系数在相对高差≥500m的条件下出现激增,是因为粤西地区雷州半岛、茂名市高州市、信宜市境内有大面积火山岩、震旦纪变质岩分布,由于广东省内震旦纪变质岩分布较少,随着相对高差的增大,震旦纪变质岩面积比相关系数逐渐下降,而火山岩面积比相关系数则呈波动下降的状态;第四纪松散堆积层面积比的相关系数也处于波动状态,大体趋势呈递减,这是因为最大相对高差越大的县区,其页岩、泥质岩类分布不多。可见,在地层岩性方面,随着最大相对高差起算高程的增大,岩性的分布对崩滑流地质灾害的发生起着越来越重要的作用。

随着最大相对高差起算高程的增大,断裂带分布密度与崩滑流地质灾害点密度的相关系数呈现出先是小范围波动,而后在≥1200m的情况下出现陡减的趋势,出现了负相关的情况。

随着最大相对高差起算高程的增大,建成区面积比与崩滑流地质灾害点密度的相关系数呈现出逐渐递减的趋势,说明了相对高差越大的县区,建成区面积与崩滑流地质灾害点密度的相关性越弱。但在≥1500m的相对高差范围内,两者的相关性又呈现了相关系数为0.15的正相关。

横向比较来看(图4-16),最大相对高差在1200～1400m之间,各致灾因子相关系数的排序出现了非常大的波动,前后的排序几乎处于倒置状态。最大相对高差、断裂带分布密度和碎屑岩的相关系数在急剧下降,降雨量指标和碳酸盐岩面积比的相关系数在急剧上升。因此可认为,最大相对高差1200m是一个临界点,其前后诱发地质灾害的主要因子发生了改变,由地形因子转向降雨量因子,由碎屑岩转向碳酸盐岩。进一步阐释,也就是在最大相对高差≥1200m这个范围前,广东省崩滑流地质灾害诱发的主导因素是起伏的地形地貌条件和复杂的地质环境;而在这个范围之后,其主导因素是相对丰沛的降雨以及渗水性岩石的广泛分布。

基于以上分析,在对广东省崩滑流地质灾害进行危险性分区时,每个评价指标只有一个权重值已然太过笼统,需要根据不同的条件进行区别对待。在不同的最大相对高差分级的条件下,将各评价指标与崩滑流地质灾害点密度(或点计数)的相关系数进行"非负化"处理作为其权重值(权重值＝相关系数＋1)(表4-10)。

表 4-10 不同最大相对高差分级下的各评价指标权重值统计

最大相对高差分级/m	最大相对高差	多年平均降雨量	最大24h点雨量多年平均值	最大3d点雨量多年平均值	震旦纪变质岩面积比	第四纪松散堆积层面积比	碳酸盐岩面积比	碎屑岩面积比	火山岩面积比	侵入岩面积比	断裂带分布密度	建成区面积比	水系密度	道路密度
≥0	1.509 8	0.958 8	0.642 4	0.665 9	0.783	1.304 3	0.855 1	0.783	1.462 1	0.708 8	1.115 3	1.133 0	0.752 2	1.014 1
≥100	1.494 4	0.935 2	0.639 5	0.665 3	0.559 3	0.627 3	1.369 3	1.424 6	1.462 1	1.235 2	1.072 8	1.044 7	0.752 4	1.005 5
≥200	1.471 6	0.881 3	0.650 9	0.656 1	0.655 2	0.677 2	1.052	1.262 5	0.437 3	1.206 4	1.069 3	1.070 7	0.715 9	1.008 9
≥300	1.437 5	0.839 4	0.657 7	0.654 6	0.812 9	0.370 2	0.721 6	0.666 8	0.754	1.845 9	1.022 4	1.134 2	0.674 3	1.007 7
≥400	1.404 7	0.843 8	0.675 2	0.659 6	0.862 9	0.432 4	0.91	1.493 2	0.712 4	1.591 9	1.050 0	1.030 0	0.712 6	1.003 2
≥500	1.353 3	0.829 4	0.679 5	0.650 7	1.970 1	0.832 7	0.834 5	0.806 6	1.994 3	1.190 8	1.036 1	1.068 6	0.675 3	1.050 0
≥600	1.285 5	0.796 5	0.672 9	0.665 6	0.820 8	0.505 6	0.369	0.902	1.418 4	0.243 6	1.155 9	0.935 2	0.678 3	1.034 6
≥700	1.285 5	0.796 5	0.672 9	0.665 6	0.820 8	0.505 6	0.369	0.902	1.418 4	0.243 6	1.155 9	0.935 2	0.678 3	1.034 6
≥800	1.222 7	0.811 9	0.667 7	0.652 6	0.611	0.555 6	0.542 8	1.676 6	0.680 8	1.176 6	1.153 0	0.925 8	0.620 9	1.054 8
≥900	1.230 0	0.836 6	0.692 8	0.649 3	1.391 4	0.430 6	0.753 4	1.530 1	0.97	1.076 8	1.187 9	0.764 0	0.634 2	1.062 8
≥1000	1.099 5	0.837 5	0.747 5	0.676 9	1.760 3	0.325 7	0.966 8	0.744 7	0.535 7	1.102 5	1.187 9	0.901 5	0.656 1	1.074 8
≥1100	1.003 2	0.870 0	0.767 5	0.679 7	1.787 3	0.638 6	0.955 3	1.844	0.785 5	0.389 6	1.187 5	0.891 8	0.640 1	1.061 6
≥1200	0.939 5	0.941 7	0.860 0	0.674 1	1.658 1	0.548 2	0.892 3	1.104 4	0.700 3	1.067	1.060 8	0.830 9	0.679 5	1.089 4
≥1300	0.805 5	1.419 4	1.259 8	0.985 9	1.658 1	0.391 3	1.656 8	0.131 6	0.270 5	0.824 2	0.852 4	0.868 1	0.624 2	1.120 0
≥1400	1.063 2	1.367 8	1.283 5	1.020 0	1.718 4	0.391 3	1.561 2	1.965 0	0.131 5	0.413 7	0.680 3	0.860 4	0.675 2	1.061 6
≥1500	1.207 8	1.584 6	1.765 6	1.232 8	1.375 8	0.391 3	0.764 6	0.779 9	0.728 7	1.000 1	0.575 6	1.157 5	0.643 9	1.123 7

第五节 广东省崩滑流地质灾害风险性评价

Blaikie等[75]提出的风险表达式为"风险＝危险性＋易损性"。鉴于此,采用综合指数法计算风险性综合评价指数(附表1),如式4-2所示[74]。

$$F_i = D_i + S_i \tag{4-2}$$

式中:F_i为第i个评价单元(县区)的崩滑流地质灾害风险性综合评价指数;D_i为第i个评价单元(县区)的崩滑流地质灾害危险性综合评价指数;S_i为第i个评价单元(县区)的崩滑流地质灾害易损性综合评价指数。

一、危险性分区与评价

地质灾害危险性评价的模型方法有很多,如人工神经网络模型、信息量法、信息权法、证据权法、模糊综合评判、多元统计方法、敏感因子模型、定性分析推理等。各种评价模型和方法均有自己的优缺点和适用范围。根据上述分析和研究对象的具体情况,本章采用加权综合评价方法获得崩滑流地质灾害危险性综合评价指数[75],计算公式为

$$D_i = \sum_{i=1}^{n} W_i I_i \tag{4-3}$$

式中:D_i为一个评价单元(县区)的崩滑流地质灾害危险性综合评价指数;W_i为第i个评价指标的权重值;I_i为第i个评价指标的归一化因子值(归一化采用极值化方法,即归一化值＝实际值/同序列最大值);n为评价指标的个数。

由式(4-3)和各县区所属的最大相对高差范围,可以计算出各县区的崩滑流地质灾害危险性综合评价指数(附表2)。自然灾害危险性分级一般分为5级或6级,表示自然灾害危险性由弱到强的趋势。自然灾害危险性的分级标准一直是自然灾害综合评价研究中的一个难点[75]。自然灾害危险性分级应该以多因素综合评价结果为基础,并参照研究区自然灾害发生特点和政府、公众对自然灾害的理解感受进行综合考虑,借此确定自然灾害危险性等级划分标准。通过绘制崩滑流地质灾害危险性综合指数降序趋势图(图4-17),根据趋势图,从具有代表性的特殊点(突变点)和正态分布态势两个方面综合考虑确定危险性分级标准。在此基础上,将广东省崩滑流地质灾害分为低度危险、轻度危险、中度危险、高度危险、重度危险和极度危险6级(表4-11)。

基于此,可以得出广东省崩滑流地质灾害危险性分区图(表4-12)。茂名市高州市、清远市英德市、茂名市信宜市属于极度危险区。高度、重度危险区主要集中于粤北地区的清远市、韶关市以及粤西的茂名市。此外,粤东沿海的汕尾市、粤东北地区的梅州市丰顺县、潮州市潮安区、珠三角的部分县区也处于高度和重度危险区中。粤西的湛江市,粤东的汕头市,珠三角地区的广州市、江门市等部分县区属于低度或轻度危险区。依据所选取的5508个崩

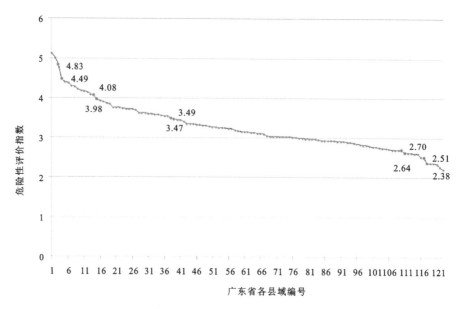

图 4-17 崩滑流地质灾害危险性综合指数降序趋势图

滑流地质灾害历史数据点统计，发生在低度危险区的有 17 个，各县区均值为 2.83 个；发生在轻度危险区的有 8 个，各县区均值为 1.14 个；发生在中度危险区的有 3173 个，各县区均值为 44.07 个；发生在高度危险区的有 1359 个，各县区均值为 56.63 个；发生在重度危险区的有 403 个，各县区均值为 36.64 个；发生在极度危险区的有 548 个，各县区均值为 182.67 个。另据《广东省 2010 年度地质灾害防治方案》统计，在 770 个威胁百人以上地质灾害点中，发生在低度危险区的有 11 个，各县区均值为 1.83 个；发生在轻度危险区的有 7 个，各县区均值为 1 个；发生在中度危险区的有 447 个，各县区均值为 6.21 个；发生在高度危险区的有 121 个，各县区均值为 5.04 个；发生在重度危险区的有 123 个，各县区均值为 11.18 个；发生在极度危险区的有 61 个，各县区均值为 20.33 个。由此可见，本书的危险性分区结果比较符合广东省崩滑流地质灾害的空间分布与活动特点。笔者统计了各危险性分区的评价指标平均值（表 4-9），将各均值归一化后，得出其趋势图（图 4-18）。

表 4-11 广东省崩滑流地质灾害危险性分级标准

危险度等级	低度危险	轻度危险	中度危险	高度危险	重度危险	极度危险
危险度得分	2.21~2.38	2.39~2.64	2.65~3.47	3.48~3.98	3.99~4.50	4.51~5.13

表 4-13 和图 4-18 显示，从低度危险区到极度危险区的范围内，最大相对高差、多年平均降雨量、碳酸盐岩面积比、断裂带分布密度等指标总体上处于明显的递增趋势。第四纪松散堆积层面积比总体上处于明显的递减趋势，其他指标处于波动状态。显示结果一方面佐证了地形因素和降雨因素是影响广东省崩滑流地质灾害危险性的两个主要因素。另一方面又反映了各危险等级区的自然地理要素及人类工程活动的组合特征（表 4-14）。

表 4-12 广东省崩滑流地质灾害危险性分区表

危险区分级	县级行政区划名称
低度危险区	霞山区、遂溪县、金平区、雷州市、南海区、麻章区、顺德区、坡头区、徐闻县、萝岗区、江海区、濠江区、龙湖区
轻度危险区	花都区、吴川市、金湾区、澄海区、浈江区、四会市、揭东区、德庆县、天河区、翁源县、高明区、增城区、鼎湖区、鹤山市、武江区、廉江市、高要区、郁南县、新会区、潮南区、台山市、惠来县、蓬江区、斗门区、佛冈县
中度危险区	南雄市、禅城区、兴宁市、三水区、梅县区、潮阳区、从化区、封开县、白云区、龙川县、荔湾区、紫金县、海珠区、番禺区、梅江区、云城区、南沙区、五华县、东源县、始兴县、茂南区、和平县、大埔县、惠城区、蕉岭县、新兴县、恩平市、赤坎区
高度危险区	江城区、龙门县、盐田区、揭西县、电白区、湘桥区、化州市、惠阳区、广宁县、清城区、罗定市、开平市、黄埔区、榕城区、饶平县、云安区、普宁市、博罗县、阳东区、平远县
重度危险区	清新区、仁化县、陆河县、龙岗区、茂港区、端州区、中山市、陆丰市、新丰县、南山区、香洲区、连平县、宝安区、阳春市、越秀区、福田区、东莞市、惠东县、连州市、汕尾市城区、连山壮族瑶族自治县、怀集县、源城区
极度危险区	潮安区、乐昌市、南澳县、罗湖区、连南瑶族自治县、阳西县、丰顺县、曲江区、海丰县、乳源瑶族自治县、阳山县、信宜市、英德市、高州市

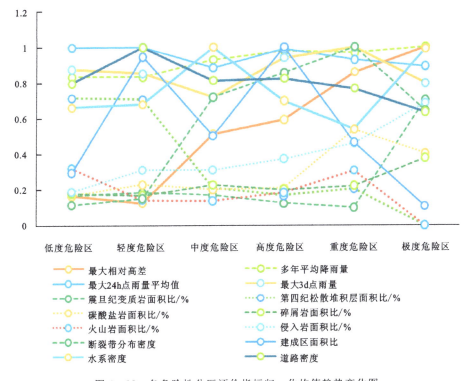

图 4-18 各危险性分区评价指标归一化均值趋势变化图

表 4-13 各危险区等级的评价指标平均值统计

评价指标值 \ 危险性分区	低度危险区	轻度危险区	中度危险区	高度危险区	重度危险区	极度危险区
最大相对高差/m	271.67	201.14	824.25	953.17	1 381.64	1 608.00
多年平均降水量/mm	1 516.67	1 514.29	1 689.58	1 779.17	1 759.09	1 816.67
最大24h点雨量多年平均值/mm	167.50	167.86	148.54	165.83	155.91	150.00
最大3d点雨量多年平均值/mm	366.67	357.14	301.39	393.75	418.18	333.33
震旦纪变质岩面积比/%	0.57	7.13	5.28	3.57	0.00	54.34
第四纪松散堆积层面积比/%	71.45	70.89	21.27	16.73	10.18	0.00
碳酸盐岩面积比/%	0.01	1.28	17.20	20.88	40.79	33.01
碎屑岩面积比/%	8.29	2.14	20.59	14.35	11.28	3.86
火山岩面积比/%	12.59	10.63	6.36	7.43	17.10	0.00
侵入岩面积比/%	7.08	11.04	30.26	37.47	22.93	8.76
断裂带分布密度/(m·km^{-2})	1.46	1.90	9.00	10.68	12.49	8.06
建成区面积比/%	13.43	42.76	22.72	45.20	21.04	4.93
水系密度/(m·km^{-2})	10.35	10.62	15.62	10.90	8.41	15.48
道路密度/(km·km^{-2})	100.30	125.82	102.39	103.71	96.64	79.94

表 4-14 各危险性分区自然地理要素及人类工程活动组合特征

危险性分区	自然地理要素及人类工程活动组合特征
低度危险区	地势平坦,第四纪松散堆积层广泛分布,丰沛的降雨,较大的道路密度
轻度危险区	地势平坦,第四纪松散堆积层广泛分布,丰沛的降雨,道路密度大和城市建设强度大
中度危险区	地势有一定起伏,碎屑岩广泛发育,较为丰沛的降雨,密集的水系分布,较大的断裂带分布密度,较大的道路密度
高度危险区	地势起伏较大,碳酸盐岩分布较广,侵入岩最为发育,丰沛的降雨,断裂带分布密度大
重度危险区	地势起伏大,碳酸盐岩面积广泛分布,丰沛的降雨,断裂带分布密度最大
极度危险区	地势起伏最大,碳酸盐岩最为发育,丰沛的降雨

二、易损性评价

崩滑流之所以成为灾害,是因为它对人员、经济、社会造成了一定的伤害。易损性是某地区承受灾害能力的特性,与一个地区的社会经济属性密切相关,并且可用其衡量。易损性评价主要分为人口易损性、经济易损性、社会易损性、生态易损性4类[76]。

依据文献和研究区实际情况,分别统计了各县区的人口密度、经济密度、人均 GDP、消费水平指数、道路密度、人均固定资产投资、建成区面积比和大片植被、林地覆盖面积比等指标作为衡量各县区崩滑流灾害易损性的指标[77],各易损性指标的解释如表 4-15 所示。

表 4-15　广东省崩滑流地质灾害易损性评价指标值

指标类别	指标要素	表达方式	指标方向
人口易损性	人口密度/(万人·km^{-2})	常住人口/行政区面积	正
经济易损性	经济密度/(亿元·km^{-2})	GDP/行政区面积	正
	人均 GDP/(万元·人$^{-1}$)	GDP/常住人口	负
	消费水平指数/%	社会消费品零售总额/GDP	负
社会易损性	道路密度/(km·km^{-2})	道路长度/行政区面积	正
	人均固定资产投资/[亿元·(万人)$^{-1}$]	固定资产投资额/常住人口	负
生态易损性	建成区面积比/%	建成区面积/行政区面积	正
	大片植被、林地覆盖面积比/%	大片植被、林地面积/行政区面积	负

鉴于各种易损性指标的权重界限较为模糊,只根据指标方向计算出易损性综合指数。正方向的指标赋予加号,负方向的指标赋予减号[式(4-4)],由此得出各县区的易损性综合评价指数(附表3),进而得出广东省崩滑流地质灾害易损性分区图(表 4-16,分级方法与危险性分级相同)。

$$S_i = \sum_{i=1}^{m_1} I_{正i} + \sum_{i=1}^{m_2} I_{负i} \tag{4-4}$$

式中:S_i 为第 i 个评价单元(县区)的易损性综合评价指数;$I_{正i}$ 为第 i 个评价单元(县区)指标方向为正的归一化指标值(归一化方法同上);$I_{负i}$ 为第 i 个评价单元(县区)指标方向为负的归一化指标值(归一化方法同上);m_1 为指标方向为正的指标个数;m_2 为指标方向为负的指标个数。

表 4-16 显示,极度易损区、重度易损区、高度易损区均集中于珠三角地区。因为珠三角地区人口密度、经济密度、建成区面积比和道路密度明显高于其他县区,大片植被、林地覆盖面积比明显小于其他县区。

表 4-16　广东省崩滑流地质灾害易损性分区表

易损区分级	县级行政区划名称
低度易损区	连南瑶族自治县、罗定市、封开县、恩平市、海丰县、五华县、丰顺县、郁南县、陆丰市、始兴县、连山壮族瑶族自治县、雷州市、紫金县、阳春市、翁源县、大埔县、茂南区、陆河县、东源县、怀集县、乳源瑶族自治县、新兴县

续表 4-16

易损区分级	县级行政区划名称
轻度易损区	信宜市、龙川县连州市、梅江区、阳山县、南雄市、台山市、乐昌市、佛冈县、阳西县、四会市、高州市、饶平县、惠东县、阳东区、鼎湖区、和平县、廉江市、龙门县、广宁县、新丰县、英德市、清新区、遂溪县、云安区、德庆县、徐闻县、南澳县、兴宁市、揭西县、化州市
中度易损区	连平县、电白区、云城区、武江区、蕉岭县、吴川市、开平市、从化区、梅县区、惠来县、仁化县、清城区、曲江区、博罗县、平远县、普宁市、江城区、金湾区、高要区、鹤山市、萝岗区、惠城区、潮安区、增城区、惠阳区、湘桥区、揭东区
高度易损区	霞山区、浈江区、高明区、端州区、三水区、麻章区、盐田区、潮南区、金平区、新会区、源城区、斗门区、澄海区、茂港区、潮阳区、南海区、花都区、濠江区、坡头区、龙岗区
重度易损区	榕城区白云区、蓬江区、汕城区、香洲区、赤坎区、江海区、南沙区、龙湖区、天河区、中山市、顺德区、东莞市
极度易损区	番禺区、禅城区、荔湾区、海珠区、宝安区、南山区、黄埔区、福田区、罗湖区、越秀区

三、风险性分区与评价

基于以上分析,运用式(4-2),得出各县区崩滑流地质灾害风险性综合评价指数,并由此得出风险性区划图(表 4-17,分级方法同上)。表 4-17 显示,极度风险区为广州市越秀区和深圳市罗湖区,高度风险区、重度风险区多集中在珠三角地区,中度风险区集中在粤东沿海地区,粤北,粤东北河源西部,梅州东部地区,粤西的茂名、阳江等市,轻度风险区、低度风险区集中于粤西湛江市,肇庆市和河源东部、梅州西部地区。珠三角地区崩滑流地质灾害虽然为数不多,但一旦发生,其经济损失、人口损失和生态损失是非常严重的。依据《广东省2010 年度地质灾害防治方案》统计,广州市白云区和花都区地质灾害高易发区占全区面积已分别高达 68.01% 和 52.6%。经统计得出各风险区主要社会经济指标(表 4-18)。表 4-18 显示,从低度风险区到极度风险区的变化范围内,人口密度、经济密度、道路密度、人均固定资产投资额、建成区面积比、人均消费品零售额处于明显的递增趋势;人均 GDP、大片植被、林地覆盖面积比处于明显递减趋势。虽然社会经济指标的变化不能完全归因于地质灾害,但是佐证了易损性指标在风险性评价中的重要地位。人类对自然的强烈改造往往能让一个自然灾害危险性较低的地区变为一个自然灾害风险性很高的地区。

表 4-17　广东省崩滑流地质灾害风险性分区表

风险区分级	县级行政区划名称
低度风险区	雷州市、遂溪县、封开县、翁源县、郁南县、五华县、恩平市、罗定市、徐闻县、四会市
轻度风险区	紫金县、始兴县、霞山区、台山市、南雄市、德庆县、鼎湖区、佛冈县、东源县、茂南区、龙川县、廉江市、大埔县、梅江区、新兴县、吴川市、麻章区、萝岗区、金湾区、兴宁市、金平区、武江区
中度风险区	和平县、惠来县、梅县区、龙门县、鹤山市、云城区、陆丰市、揭东区、从化区、高要区、浈江区、增城区、陆河县、南海区、广宁县、饶平县、揭西县、连南瑶族自治县、高明区、蕉岭县、化州市、阳春市、阳东区、电白区、云安区
高度风险区	坡头区、潮南区、澄海区、三水区、惠城区、江城区、连山壮族瑶族自治县、清城区、开平市、清新区、濠江区、新丰县、新会区、花都区、连州市、怀集县、斗门区、惠东县、惠阳区、博罗县、普宁市、湘桥区、平远县、仁化县、潮阳区、盐田区、丰顺县、海丰县、连平县、乐昌市
重度风险区	江海区、顺德区、龙湖区、阳西县、端州区、蓬江区、白云区、乳源瑶族自治县、南澳县、天河区、阳山县、茂港区、榕城区、潮安区、南沙区、曲江区、信宜市、赤坎区、龙岗区、源城区
极度风险区	英德市禅城区、香洲区、番禺区、高州市、中山市、荔湾区、汕尾城区、海珠区、东莞市、黄埔区、宝安区、南山区、福田区、罗湖区、越秀区

表 4-18　各风险等级区社会经济资料统计

风险性等级	低度风险区	轻度风险区	中度风险区	高度风险区	重度风险区	极度风险区
地区面积/km²	2 905.25	1 770.04	1 383.10	1 405.05	708.87	56.28
常住人口/万人	136.98	62.86	76.97	140.80	311.85	104.09
地区生产总值/亿元	133.69	138.31	271.16	731.10	2 247.77	1 323.36
社会消费品零售总额/亿元	67.29	58.76	107.14	356.02	630.10	719.78
人口密度/(万人·km⁻²)	475.06	769.13	1 119.62	5 210.85	7 450.41	22 989.66
经济密度/(亿元·km⁻²)	498.88	3 143.98	5 757.72	31 769.25	91 117.78	306 507.29
人均 GDP/(万元·人⁻¹)	1.04	0.76	0.48	0.31	0.12	0.08
消费水平指数/%	0.51	0.53	0.47	0.53	0.27	0.55
道路密度/(km·km⁻²)	72.93	84.87	100.32	128.82	183.60	184.34
固定资产投资额/亿元	51.81	60.06	104.85	226.57	466.87	338.29
人均固定资产投资额/(万元·人⁻¹)	0.42	1.39	1.43	1.60	1.66	3.00
建成区面积比/%	9.82	9.25	22.17	78.29	99.12	100.00
大片植被、林地覆盖面积比/%	21.22	21.33	15.07	6.20	0.87	0.00
农村居民人均纯收入/元	6 655.50	7 138.90	7 435.07	8 209.89	7 421.00	0.00
人均消费品零售额/(万元·人⁻¹)	0.51	1.05	1.32	2.64	3.00	6.87

第五章　广东省典型区崩滑流地质灾害影响因素分析

珠三角区域是广东省的中心地带,包括广州、深圳、中山、佛山、惠州、东莞、珠海、肇庆、江门9个城市。而"粤东"一称,从历史上至当代一直存在一些争议。从经济发展的角度考虑,"粤东"主要指广东省东部沿海的潮州、汕头、揭阳、汕尾四市和深汕经济合作区;施昌海等[78]认为,揭阳、汕尾、梅州、汕头、潮州组成了以地理方位、流域地形等方面为考虑因素的"粤东五市";但是从地理方位上讲,河源市的地理位置也位于珠三角区域以东,因此本书的划分,是在施昌海等学者的基础上把河源市也并入粤东地区整体讨论的,即"粤东六市"。而约定俗成的"粤西"四市包括茂名、阳江、云浮和湛江,"粤北"则指广东省北部的清远和韶关。

通过第四章对基于县级的广东省崩滑流地质灾害危险性分区的研究,经分析得出,在广东省范围内,粤西茂名市高州市、茂名市信宜市、粤北清远市英德市属于极度危险区;而高度、重度危险区也集中于粤北清远市、韶关市以及粤西茂名市;此外,粤东沿海的汕尾市,粤东北地区的梅州市丰顺县、潮州市潮安区、珠三角的部分县区也处于高度和重度危险区。湛江市、汕头市、珠三角地区的广州市、江门市等部分县区多属于低度或轻度危险区。也就是说,崩滑流地质灾害的高度、重度和极度危险区主要集中于粤北、粤西和粤东山区分布较为广泛的县级,其他地区相对分布较少。

据此,本书研究粤北、粤东和粤西3个典型区域,对崩滑流地质灾害进行进一步的细化分析,包括它们的灾害背景、主控因素和致灾因子。

本章通过对粤东、粤西和粤北及其典型区崩滑流地质灾害点的分布及影响因素的分析,总结出这些区域的崩滑流地质灾害点分布特征和典型区的影响因素,具体结果如下。

1. 崩滑流地质灾害点的分布特征

(1)崩塌、滑坡地质灾害沿铁路、公路沿线呈现带状集中分布。随着铁路、公路的发展,相关兴起的经济活动、工程活动的规模越来越大,在高强度的人类工程活动作用下,铁路公路边坡地带产生了大量的崩塌和滑坡,呈现集中分布特点,其空间分布特征既受工程活动的制约,又严格地受地形地貌特征控制,铁路沿线的崩塌、滑坡,主要分布在大面积开挖坡脚的斜坡地段,滑坡密度大,集中发育。例如地处粤北山区的乐昌—坪石、天堂山—连江口等京广铁路粤北段;公路沿线以侵蚀剥蚀中、低山区及丘陵地带的公路沿线山体斜坡为主,滑坡分布较广泛,滑坡体厚度不大,以小型为主。

(2)沿海地带的三角洲冲积平原和侵蚀堆积河谷平原的铁路、公路地带,地形平坦开阔,崩滑流地质灾害发生较少。

(3)水库坝体、边岸山体滑坡及泥石流：一些主要水系，如大河大江两岸受强降雨影响时，或水库蓄水、泄洪也容易引发滑坡、泥石流地质灾害。如梅州大埔县凤朗镇双溪水库1号滑坡规模约$21×10^4 m^3$，滑坡前缘直达水库，每年雨季滑坡蠕动变形显著，对水库有很大的危害[50]。

(4)人为开矿、采石造成的崩塌：在粤东、粤西和粤北地区都有不同种类和规模的采石场、矿山分布，是造成崩塌或地面塌陷地质灾害的主要原因。

(5)山区削坡建房造成的崩塌、滑坡：由于研究区的地貌类型以山地丘陵为主，而在山区农村，削坡建房非常普遍，容易形成高陡边坡，同时缺乏相应的护坡措施，造成边坡易发生崩滑地质灾害。

总之，崩滑流地质灾害点的空间分布概况，从整体而言呈现不均匀性；从局部小范围来看，呈现出集中性的特点；从区域来看，粤北、粤西以及粤东的丘陵山地区域发生的概率高，而三角洲和台地区域发生的概率小。

2. 粤东、粤北、粤西崩滑流地质灾害影响因素分析

崩滑流地质灾害的发生受多种致灾因子的影响，其空间分布呈现出明显的局部群体性和区域差异性。本章通过对粤东、粤北和粤西3个区域的崩滑流地质灾害影响因素的分别分析，以及对各区域典型县级单位内崩滑流地质灾害点分布的量化分析，总结出崩滑流地质灾害发生的主控因素主要包括岩性分布、工程地质岩组、地形地貌等，它们同属于地质环境因素，同时也是地质灾害形成的内因，在一定范围内，对崩滑流地质灾害的类型和发育程度起着一定的决定作用；崩滑流地质灾害的重要致灾因子包括降雨与人类工程活动等，是地质灾害发生的外因，它们对地质灾害发生的时间和速度有着促进作用，并且在一定程度上有着直接的影响和激发作用。例如，在植被覆盖度低和土壤侵蚀程度高的区域，地质灾害更容易发生，而降雨和人类工程活动，则对植被覆盖和水土流失有着非常大的影响。通过对粤东、粤西和粤北各个典型县市崩滑流地质灾害各影响因素的相关性分析，结合ArcGIS中的栅格计算和缓冲区分析等功能，可得出各典型县市的崩滑流地质灾害主控因素及致灾因子如下。

(1)梅州市崩滑流地质灾害发生的主控因素是植被覆盖度、坡度和土壤侵蚀程度，重要的致灾因子是降雨与人类工程活动。每年5—7月降雨量最集中的时间段，在植被覆盖度较低、土壤侵蚀程度较高，高程100～300m，坡度5°～15°的丘陵地区，尤其是受人类工程活动影响较大的地域，例如与道路距离小于500m的区段，最容易发生崩滑流地质灾害。

(2)阳江市发生崩滑流地质灾害的主控地质环境因素是高程、坡度和工程地质岩组，而降雨及人类工程活动则是形成地质灾害的外在重要致灾因子。每年4—9月降雨量最集中的时间段，高程小于100m，坡度在10°以下，与道路距离小于500m，人口分布集中的区段，最容易发生崩滑流地质灾害。

(3)英德市形成崩滑流地质灾害的主控因素是坡度、高程和土壤侵蚀程度，而岩性、工程岩组类型、降雨及人类工程活动则是形成地质灾害的重要致灾因子。在每年降雨量最为集中的5—7月，在高程小于200m，坡度小于15°，土壤侵蚀程度较高的丘陵低山和岩溶盆地区,最容易发生崩滑流地质灾害。

综上所述,对于崩滑流地质灾害影响因素的分析,需要结合区域特点,同时综合考虑地质灾害的内因和外因,进行综合分析,从而得出地质灾害的形成与发生规律,为地质灾害的预测预报提供参考。

第一节　广东省崩滑流地质灾害的分布概况

依据《广东省地质灾害与防治》[39]和《广东省志·自然灾害志》[53]等资料中的数据,对广东省2001—2010年十年间的崩滑流地质灾害数量的统计,发现随着时间的推移,广东省的崩滑流地质灾害都与时间有着正相关的关系。其中,根据《广东省防灾减灾年鉴》,崩塌和滑坡地质灾害与时间尺度呈现出显著的正相关,泥石流地质灾害则为弱正相关(图5-1—图5-3)。说明崩滑流地质灾害总体上随着时间推移数量上有所增加的趋势。因此,对3种地质灾害分别进行分析显得尤为必要。

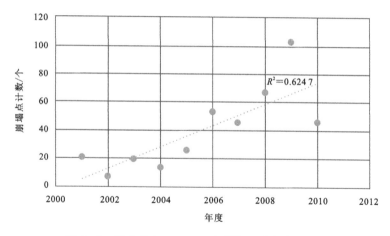

图5-1　广东省2001—2010年崩塌地质灾害频度图

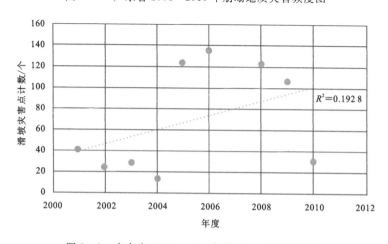

图5-2　广东省2001—2010年滑坡地质灾害频度图

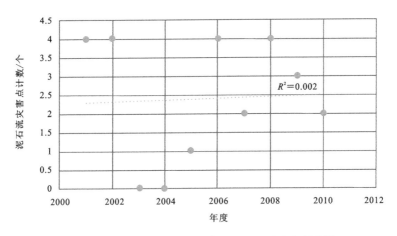

图 5-3　广东省 2001—2010 年泥石流地质灾害频度图

按照本书在地理方位上对于广东省的区域划分,广东全省可以划分为粤东、粤西、粤北和珠三角城市群。其中,揭阳、汕尾、梅州、汕头、潮州、河源 6 个地级市为粤东地区;阳江、湛江、茂名、云浮等地级市组成粤西地区;粤北地区包括韶关和清远两个多山区的地级市;珠江三角洲城市群,包括"广佛肇"(广州、佛山、肇庆)、"深莞惠"(深圳、东莞、惠州)、"珠中江"(珠海、中山、江门)3 个新型都市区,大珠江三角洲地区还包括香港、澳门特别行政区,即粤港澳大湾区。从广东省分辨率为 30m 的 DEM 中提取高程值为 400m 以上的山区,并按县级行政单元进行分区统计,发现其主要分布在粤北的韶关市、清远市;粤东的河源市、梅州市、潮州市、揭阳市、汕尾五市;粤西的茂名市、阳江市、云浮市,以及珠三角地区的肇庆市、惠州市。

结合《广东省地质灾害与防治》[39]和《广东省志·自然灾害志》[53]等将 2001—2010 年间每一年各个县区所发生的崩滑流地质灾害在 Excel 软件中分别进行统计,并与 ArcGIS 的制图和空间分析功能相结合,采用自然间断点分级法对崩塌的数量进行分级,可以得到广东省十年区间内 3 种地质灾害的总计数分布,如下所示(表 5-1)。

表 5-1　广东省 2001—2010 年崩塌地质灾害分布数量(自然间断点分级法)

2001—2010 年崩塌总计数/个	县级行政区划名称
72~189	新丰县、五华县、广宁县、信宜市、郁南县、阳春市、兴宁市、高州市、宝安区、罗定市
49~71	大埔县、蕉岭县、英德市、封开县、电白区、清新区、南雄市、翁源县、连南瑶族自治县、仁化县、梅县区、博罗县
33~48	龙川县、曲江区、紫金县、德庆县、始兴县、连平县、高要区、平远县
13~32	惠东县、佛冈县、惠城区、龙岗区、四会市、阳山县、新兴县、云安区、和平县、丰顺县、增城区、台山市、连山壮族瑶族自治县
<13	其他
总计	2851 个

经过统计分析可知,2001—2010年十年间,崩塌地质灾害发生数量最多的县区有粤西的茂名市信宜市、茂名市高州市、阳江市阳春市、云浮市郁南县;粤北的韶关市新丰县;粤东的梅州市五华县和梅州市兴宁市,以及珠三角深圳特区的宝安区和肇庆市广宁县,在这些县区所发生的崩塌地质灾害数量总数为1264次,占十年间广东全省崩塌地质灾害总计数的44.34%。崩塌地质灾害发生数量次之的县区包括粤西的茂名市电白区、云浮市罗定市;粤北的清远市清新区、清远市连南瑶族自治县、清远市英德市、韶关市翁源县、韶关市南雄市、韶关市仁化县;粤东的梅州市梅县区、梅州市蕉岭县和梅州市大埔县,珠三角地区肇庆市封开县等,以上县区十年内发的崩塌的数量为748次,占总计数的26.24%。两者合并起来的崩塌地质灾害总数占了全省总计数的70.58%。

采用同样的方法对广东省2001—2010年发生的滑坡地质灾害数量及空间分布进行分级统计,分析发现,滑坡地质灾害发生数量最多的县区包括粤西的云浮市罗定市、云浮市郁南县、云浮市云安区、阳江市阳春市、茂名市信宜市;粤北的清远市英德市、清远市清新区;粤东的河源市连平县、河源市紫金县、梅州市五华县、梅州市兴宁市,在这些县区十年间发生滑坡地质灾害的数量为1379次,占总计数的49.36%。滑坡地质灾害发生数量次之的县区有粤西的云浮市新兴县、茂名市高州市,粤北的清远市连南瑶族自治县、清远市连山壮族瑶族自治县、韶关市乐昌市、韶关市曲江区,粤东的梅州市梅县区、梅州市蕉岭县、梅州市大埔县,以及珠三角地区的肇庆市广宁县、惠州市惠城区和深圳市龙岗区。这些县区的滑坡地质灾害数量为616次,占十年总计数的24.87%。两者合起来的滑坡地质灾害发生数量占了全省总计数的74.23%(表5-2)。

表5-2 广东省2001—2010年滑坡地质灾害分布数量(自然间断点分级法)

2001—2010年滑坡总计数/个	县级行政区划名称
79~158	连平县、紫金县、五华县、罗定市、广宁县、龙川县、阳春市、清新区、信宜市、郁南县、英德市、兴宁市、云安区
42~78	连南瑶族自治县、新兴县、蕉岭县、惠城区、高州市、连山壮族瑶族自治县、乐昌市、大埔县、龙岗区、曲江区、梅县区
25~41	宝安区、平远县、和平县、东源县、翁源县、龙门县、香洲区、阳山县、丰顺县、博罗县、封开县、佛冈县、乳源瑶族自治县
10~24	惠阳区、惠东县、仁化县、增城区、台山市、新丰县、德庆县、四会市、云城区、连州市、饶平县、电白县、高要区
<10	其他
总计	2794个

与崩塌、滑坡地质灾害不同,广东省的泥石流地质灾害的发生相对较少,且一般与滑坡地质灾害伴随发生,经统计,2001—2010年间,泥石流地质灾害发生数量最多的是粤北的韶关市翁源县和粤西的云浮市云安区、阳江市阳春市,这3个县区在十年间共发生了19起泥

石流地质灾害,灾害数量占十年间泥石流灾害总计数的24.36%。泥石流地质灾害发生数量次之的县区有粤北的韶关市仁化县、韶关市始兴县、韶关市新丰县、清远市连南瑶族自治县、清远市清新区、粤西的茂名市信宜市和粤东的河源市东源县,灾害数量是总计数的30.77%。两者合并起来的灾害数量则是总计数的55.13%(表5-3)。

表5-3 广东省2001—2010年泥石流地质灾害分布数量(自然间断点分级法)

2001—2010年泥石流总计数/个	县级行政区划名称
5~7	云安区、翁源县、阳春市
3~4	信宜市、东源县、仁化县、清新区、连南瑶族自治县、新丰县、始兴县
1~2	兴宁市、乐昌市、龙岗区、惠阳区、高要区、南雄市、从化区、福田区、五华县、英德市、蕉岭县、连山壮族瑶族自治县、阳山县、丰顺县、乳源瑶族自治县、增城区、台山市、德庆县、饶平县、开平市、怀集县、白云区、南海区、鹤山市、揭西县、化州市、南山区
<1	其他
总计	78个

通过ArcGIS中的栅格计算功能,可进行统计得出在广东省各县区中,山区面积最大的前十位分别是乳源瑶族自治县、阳山县、乐昌市、连州市、信宜市、连平县、连南瑶族自治县、丰顺县、始兴县、新丰县。山区面积占其所在县区面积比例按从大到小的顺序进行排列,前十位分别是乳源瑶族自治县、连南瑶族自治县、连山壮族瑶族自治县、乐昌市、阳山县、连平县、新丰县、始兴县、连州市、信宜市。其中信宜市、连平县、新丰县截至2010年底的崩滑流地质灾害点计数也位于全省各县区中的前十位。崩塌、滑坡和泥石流3种地质灾害本身就有着互相影响、互相制约的关系,通过以上分析,发现不管是哪一种地质灾害,它们在2001—2010年发生最多的区域都有着相似性,位于粤北、粤东、粤西的县区中,山区所占面积较大的县级,其发生3种地质灾害的数量也多。因此,后文中将以粤北、粤东、粤西3个区域为主要研究对象,并结合这3个区域中的山区分布进行进一步的剖析,来分析崩塌、滑坡和泥石流3种地质灾害的影响因素。

第二节 粤东崩滑流地质灾害影响因素分析

一、粤东地质灾害背景

地质灾害背景与地质灾害形成的条件既存在一定的耦合联系又有一定差异。它通常指的是在地质灾害的形成与发展过程中影响或控制它们的现实条件和基本环境。地质灾害形成的直接决定因素是地质灾害形成条件,而地质灾害背景是更高级别的影响因子,它在控制和影响地质灾害形成过程中起着更高级别的作用。它的组成因素包括:①自然背景,核心为地球的动力活动;②社会经济背景,经济、人口、社会发展水平为主要组成部分。研究地质灾害宏观评价的一项重要核心工作就是分析地质灾害背景,它可以宏观上控制一种或多种地质灾害在一个地区灾害形成的严重程度和总体趋势的变化。

根据前人研究经验、参考文献以及资料的可获取性,本章选取地质岩性、流域分布、水系分布、断裂带、多年平均降雨量、DEM、坡度、坡向、土地利用类型、土壤侵蚀程度、道路分布等因素作为影响崩滑流地质灾害的研究对象。对粤东地区的崩滑流地质灾害点进行统计分析,2001—2010 年,广东省年鉴及相关资料中所记载的粤东地区崩滑流地质灾害总计数为1713 次,其中崩塌灾害 707 次,滑坡灾害 995 次,泥石流灾害 11 次,而粤东六市总面积约为4.8 万 km²,计算得出区域内崩滑流地质灾害发育密度为 36 个/10³km²(表 5－4)。

表 5－4 数据分类与来源

数据分类	数据来源
地质岩性	1∶100 万《广东省地质图》
流域分布	珠江三级流域分布图
水系分布	1∶100 万《广东省地图(基本要素版)》
断裂带	1∶100 万《广东省地质构造图》
多年平均降雨量	中国天气网的历史数据统计计算得出
DEM	地理空间数据云获得,分辨率为 30m
坡度、坡向	根据广东省 30m 分辨率 DEM 制作得出
土地利用类型	地理空间数据云网站获取并通过 ENVI 进行图像处理
土壤侵蚀程度	根据土壤侵蚀影响因子通过 ArcGIS 10.2 平台制作得出
道路分布	1∶100 万《广东省公路图》
植被覆盖指数(NDVI)	地理空间数据云网站获取并通过 ENVI 进行图像处理

影响地质灾害发生环境的因素有很多,包括地貌、水文、地质、植被、交通、降雨量等。从地质灾害背景的角度出发,可以将这些因素分为自然背景和社会经济背景两个方面。

1. 自然背景

这里主要讨论高程、坡度、流域、水系、断裂带、植被覆盖指数、地质岩性、多年平均降雨量几个因素。

对粤东地区以上因素对应的数据图层分别进行分析如下:根据水土保持综合治理规划通则规定,地形坡度在 25°以上为陡坡,大于 35°为急陡坡。通过对粤东地区高程与坡度的综合分析可知,粤东地区陡坡和急陡坡区域集中分布于高程在 400m 以上的山区,包括河源市东源县、连平县、和平县、紫金县以及龙川县部分山区；梅州市平远县、蕉岭县、五华县；另外一个陡坡集中区域就是粤东地区最主要的山脉，同时也是岭南四大山脉之一的莲花山脉，莲花山脉呈 NE-SW 走向，北东起于梅州市大埔县北阴那山，向西南经梅州市丰顺县、潮州市潮安区、揭阳市揭东区、揭西县、汕尾市陆河县、海丰县延伸，最后到达粤南惠州市惠东县稔山镇，莲花山脉的最高峰位于丰顺县的铜鼓嶂，海拔 1 559.5m，是粤东第一高峰。

从流域来看，粤东地区主要包含三大流域，自西向东分别是东江流域秋香江口以上、韩江白莲以上、韩江白莲以下及粤东诸河流域，水系分布广泛，包括东江及其支流秋香江、新丰江及新丰江水库、韩江及支流、梅江、榕江、琴江、练江等。其中，广东第二大河流的韩江南源就位于莲花山脉，榕江的北源也发于莲花山脉。同时，粤东的几条主要断裂带分布于河源市和平县、东源县、紫金县及梅州市五华县、兴宁县境内，为 NE-SW 走向，大体与粤东山区的走向相一致。

通过地理空间数据云网站获取到 2010 年广东全省的植被覆盖指数数据，在 ArcGIS 10.2 软件平台中经过栅格数据处理，可以得到粤东地区 NDVI 指数分布，山区部分的植被覆盖度明显高于其他地区。

地质岩性方面，通过综合对比分析可以发现，粤东地区的地层岩性分布较为复杂（表 5-5），其中在高程 400m 以上的山区，岩性以侵入岩为主，其次是火山岩、碳酸盐岩和碎屑岩。莲花山脉一带的岩性以侵入岩、火山岩和碳酸盐岩为主，而第四纪松散堆积层主要分布于粤东沿海四市，震旦纪变质岩分布较少，主要在梅州市兴宁市和河源市龙川县境内有零星分布。此外，粤东地区的土壤类型复杂（表 5-6），主要由水稻土、红壤、赤红壤 3 种组成，沿海地区还有少量潮土、沙土等分布。

根据中国天气网和广东年鉴等资料对 2001—2010 年十年间的降雨量数据加以统计，可以得到粤东地区多年平均降雨量分布，莲花山脉东南粤东四市，即汕头、潮州、揭阳、汕尾的多年平均降雨量大大高于梅州市和河源市，其中的主要原因一个是这些区域有着东南沿海的地理位置，属亚热带季风气候与海洋性气候的结合；另一个是地形因素，莲花山脉阻挡了海洋暖湿气流向西移动，因此以莲花山脉为界的东西两侧降雨量大小差距甚远。

表 5-5 粤东地区岩性分布面积占比

岩性	面积占比/%
侵入岩	32.2
火山岩	20.7
碎屑岩	16.1
碳酸盐岩	17.9
第四纪松散堆积层	8.8
震旦纪变质岩	4.3

表 5-6 粤东地区土壤类型分布面积占比

土壤类型	面积占比/%
水稻土	11.57
水稻土、沙土	19.51
水稻土、潮土	4.74
水稻土、砖红壤	11.10
水稻土、紫色土	0.72
水稻土、红壤	16.72
水稻土、赤红壤	2.99
水稻土、赤红壤、沙土	2.65
水稻土、赤红壤、潮土	3.12
水稻土、赤红壤、紫色土	6.65
潮土	5.94
火山灰土、沙土	4.87
盐土、水稻土、赤红壤	4.82
石灰土、水稻土、红壤	0.79
石灰土、沼泽土、红壤	3.78
赤红壤、水稻土、沙土、潮土	0.01
赤红壤、红壤	0.02

2. 社会经济背景

这里主要讨论道路分布、土壤侵蚀程度、土地利用类型3种因素。

粤东六市总面积4.7万 km²，约占全省总面积的26.2%。粤东地区的铁路主要有两条，分别是京九铁路和广梅汕铁路，京九线自西向东通过河源、梅州，广梅汕铁路主要集中建设在潮州、汕头、揭阳、汕尾沿海。高速公路主要有粤赣高速、梅河高速、梅汕高速、深汕高速、潮惠高速等，遍布整个粤东地区。道路工程的建设、开挖边坡，在一定程度上对地质灾害的发生有着相当大的影响。

根据相关标准，将广东省省内土地利用类型划分为林地、草地、农用地、水体、城市用地、裸地及低植被覆盖地6类。从地理空间数据云网站获取了2010年广东省的MODIS影像数据并加以处理，可得到广东省土地利用类型图，进而分割出粤东地区的土地利用类型分布面积比例(表5-7)，可以看出粤东山区的土地利用类型基本属于林地，与粤东地区的植被覆盖指数分布图相一致。土壤侵蚀因素包括自然和人为两个方面，经过对各个土壤侵蚀影响因子的分析得出粤东地区的土壤侵蚀分布，可以看出粤东山区由于植被覆盖指数高，土壤侵蚀程度均为低度侵蚀,而土壤侵蚀程度较高的区域则主要分布于人口密集的城区,以及沿水系、道路、断裂带等线状地理要素的两侧均匀分布(表5-8)。

表5-7 粤东地区土地利用类型分布面积占比

土地利用类型	面积占比/%
林地	38.8
草地	36.1
农用地	18.4
水体	2.1
城市用地	4.5
裸地及低植被	0.1

粤东地区各影响因素数值统计如表5-8所示。

二、粤东崩塌地质灾害影响因素分析

根据前文广东省志及地质灾害调查报告对2001—2010年十年间所发生有记载的崩塌地质灾害进行统计,制作出以县级为单位的粤东地区崩塌地质灾害的点计数分布统计表(表5-9)。从表5-9中可以看出,崩塌地质灾害最为严重的地区为梅州市五华县和梅州市兴宁市,其十年间发生崩塌地质灾害的次数分别为168次和127次。其次为梅州市大埔县、蕉岭县、梅县区,十年间发生崩塌地质灾害的次数分别是70次、66次和54次。崩塌地质灾害次数在18~46次之间的县级有河源市龙川县、河源市紫金县、河源市连平县、梅州市平远县、梅州市丰顺县。崩塌地质灾害发生次数最少的县级是粤东沿海四市以及河源市东源县,各县区的崩塌灾害十年总计数在4次以下。

结合上一小节中对于各地质灾害影响因素的描述进行分析,崩塌地质灾害发生次数最多的县级——梅州市的五华县和兴宁市,通过比对可以发现,高程在400m以上的山区在两个县级中所占的比例并不大。整个梅州市属于韩江白莲村以上流域,主要流经的水系有梅江和琴江,由于莲花山脉的阻挡,两个县级的多年平均降雨量在粤东地区属中等偏下水平;莲花山脉以西,有一条主要断裂带自梅县区经五华县向西南方向延伸,断裂带分布密度大,京九铁路、G25高速自西向东横穿两个县级的交界处。区域岩性以碳酸盐岩、碎屑岩、火山岩和侵入岩为主,土壤类型多为水稻土,土地利用类型基本为农用地和草地,植被覆盖率处于中等偏低水平。根据粤东地区土壤侵蚀分布程度,粤东地区大部分都属于低度侵蚀,土壤侵蚀程度为轻中度及以上的区域,主要集中于梅州市的五华县和兴宁市。通过以上分析可知,在粤东地区崩塌地质灾害最为频发的梅州五华县和兴宁市,土壤侵蚀程度受植被覆盖度、岩性、土壤类型和土地利用类型几个要素的影响,再加上主要断裂带的分布,导致该区域

表5-8 粤东地区各影响因素数值统计

所属地市	所属县区	最大相对高差/m	多年平均降雨量/mm	最大24h点雨量平均值/mm	最大3d点雨量/mm	火山和石英质碎屑岩面积比/%	砂砾质碎屑岩面积比/%	页泥质碎屑岩面积比/%	石灰质碎屑岩面积比/%	断裂带分布密度/(m·km^{-2})	建成区面积比/%	水系密度/(m·km^{-2})	道路密度/(km·km^{-2})
潮州市	潮安区	1420	1400	160	500	33.62	0.00	37.84	28.54	3.82	29.25	11.29	95.08
潮州市	饶平县	1216	1500	160	500	25.99	0.00	15.81	58.20	18.00	1.91	21.54	72.24
潮州市	湘桥区	850	1800	150	300	0.00	0.00	75.22	24.78	26.19	33.13	26.47	114.44
河源市	东源县	1214	1750	120	200	50.76	22.43	0.00	26.81	10.39	1.88	53.86	61.59
河源市	和平县	1231	1700	120	200	26.90	56.71	0.00	16.40	12.79	2.54	14.48	78.11
河源市	连平县	1389	1700	120	200	1.54	22.57	0.00	75.90	10.87	8.66	1.04	78.25
河源市	龙川县	1242	1600	110	100	42.92	50.08	0.00	7.00	11.76	5.41	23.84	68.60
河源市	源城区	992	1800	150	300	14.89	0.00	33.19	51.92	34.85	74.67	28.19	114.79
河源市	紫金县	1171	1650	140	200	3.48	11.78	0.00	84.74	9.89	3.34	11.02	53.99
揭阳市	惠来县	750	1900	210	300	37.23	0.00	31.49	31.28	7.92	7.89	10.27	90.28
揭阳市	揭东区	1144	1800	160	200	31.79	0.00	64.59	3.62	4.30	9.95	12.56	94.84
揭阳市	揭西县	1183	2100	190	300	62.88	6.09	4.30	26.73	8.84	6.12	24.67	94.52
揭阳市	普宁市	941	2000	230	700	61.75	0.00	12.14	26.11	7.72	15.56	14.02	96.28
揭阳市	榕城区	299	1850	160	200	50.16	0.00	49.84	0.00	0.00	100.00	84.76	117.59
梅州市	大埔县	1246	1500	120	100	58.75	5.05	0.00	36.19	18.69	3.51	21.61	75.69
梅州市	丰顺县	1498	2000	160	300	40.91	6.62	0.00	52.47	8.04	4.46	10.74	57.22
梅州市	蕉岭县	1130	1700	120	150	11.61	88.39	0.00	0.00	12.78	8.16	12.10	88.92

续表 5-8

所属地市	所属县区	最大相对高差/m	多年平均降雨量/mm	最大24h点雨量平均值/mm	最大3d点雨量/mm	火山和石英质碎屑岩面积比/%	砂砾质碎屑岩面积比/%	页泥质碎屑岩面积比/%	石灰质碎屑岩面积比/%	断裂带分布密度/(m·km^{-2})	建成区面积比/%	水系密度/(m·km^{-2})	道路密度/(km·km^{-2})
梅州市	梅江区	959	1400	110	150	0.00	79.79	0.00	20.21	6.58	27.71	22.86	137.77
梅州市	梅县区	1244	1400	110	150	10.67	56.91	0.00	32.41	11.43	7.32	12.20	87.16
梅州市	平远县	1499	1600	110	100	35.91	33.48	0.00	30.60	8.49	6.23	0.80	80.11
梅州市	五华县	1246	1500	115	150	45.21	12.88	0.00	41.91	14.00	3.50	9.87	76.38
梅州市	兴宁市	988	1450	110	100	53.20	46.80	0.00	0.00	18.52	4.37	4.79	103.49
汕头市	潮南区	450	1800	170	500	72.50	0.00	22.87	4.63	0.00	31.64	8.94	119.78
汕头市	潮阳区	400	1600	190	300	37.40	0.00	62.60	0.00	0.00	65.43	11.62	98.90
汕头市	澄海区	500	1500	170	500	14.03	0.00	0.00	85.97	0.00	11.23	39.02	122.60
汕头市	濠江区	250	1600	170	500	34.26	0.00	65.74	0.00	0.00	35.05	0.00	118.53
汕头市	金平区	350	1600	170	500	37.26	0.00	62.74	0.00	0.00	0.00	28.60	153.50
汕头市	龙湖区	60	1600	170	300	35.34	0.00	64.65	0.00	0.00	48.86	43.97	198.37
汕头市	南澳县	539	1600	170	300	31.74	0.00	0.00	68.26	57.81	53.16	0.00	159.01
汕尾市	城区	487	2000	220	500	30.05	0.00	69.95	0.00	9.19	100.00	0.00	126.87
汕尾市	海丰县	1246	2400	250	1000	25.52	0.00	24.21	50.28	22.42	8.66	21.40	70.80
汕尾市	陆丰市	953	2000	240	1300	34.76	0.00	36.88	28.37	5.92	9.16	17.65	86.53
汕尾市	陆河县	1163	2200	225	700	79.61	0.00	0.00	20.39	10.47	2.07	21.64	81.47

崩塌地质灾害频发。

崩塌地质灾害发生次数次之的县级是梅州市的大埔县、蕉岭县、梅县区。此区域中高程在400m以上的山区所占比例大于五华县和兴宁市，主要集中在蕉岭县和大埔县，主要水系有韩江、梅江、汀江及其支流。山区坡度高，自然陡坡和急陡坡分布广，这3个县级的土地利用类型多为林地和草地，所以植被覆盖度也高于崩塌地质灾害点计数最高的五华县和兴宁市，土壤类型大部分属于水稻土和砖红壤，也有部分沙土和潮土，多年平均降雨量处于粤东地区平均水平之下，区域内有断裂带分布。该区域岩性仍以碳酸盐岩、碎屑岩、火山岩和侵入岩为主，其中蕉岭县的岩性主要是碎屑岩，而大埔县作为莲花山脉的北东方向起点，主要岩性为侵入岩，土壤侵蚀程度绝大部分都属于低度侵蚀，但梅县区境内、大埔县、蕉岭县沿水系两侧有中高度及以上程度侵蚀区域分布。据此推断，水系分布和土壤侵蚀程度是该区域崩塌地质灾害发生的主控因素。

粤东沿海四市，即潮州市、汕头市、揭阳市和汕尾市是整个粤东地区崩塌地质灾害十年期间发生次数最少的区域，每个县级的崩塌灾害总计数都在4次以下。揭西县、陆河县、海丰县一带，地处莲花山脉以东以南，在潮安区、揭东区、陆丰市和普宁市境内还有凤凰山、大小北山、南阳山和大南山的分布，山区面积所占比例较大，且多年平均降雨量属粤东最高，大部分县级的多年平均降雨量均在1800mm以上。区域内的植被覆盖度自西向东南沿海逐渐降低，土壤类型多数是水稻土、沙土、潮土和赤红壤，岩性主要为莲花山脉一带的侵入岩和沿海地区第四纪松散堆积层，土壤侵蚀的程度仍以轻度侵蚀为主，但沿水系及东南沿海城市地区土壤侵蚀程度加强。土地利用类型自北西向南东依次变化，莲花山脉及以东地区以林地和草地为主，东南沿海区域则主要是农用地和城市用地，以及部分水体。根据本书第四章的定量分析，第四纪松散堆积层与崩滑流地质灾害的发生呈弱负相关，再与崩塌地质灾害最为频发的梅州市五华县和兴宁市进行对比，进一步佐证了岩性对粤东地区的崩塌地质灾害的影响。

三、粤东滑坡地质灾害影响因素分析

在ArcGIS 10.2平台上，基于已有数据制作了粤东地区滑坡地质灾害点计数分布表（表5-9），分级方法为自然间断点分级法。经统计，滑坡地质灾害在2001—2010年十年间发生总次数最多的县级是河源市连平县、河源市紫金县、梅州市五华县，分别是158次、152次和147次。其次是河源市的龙川县和梅州市兴宁市，其滑坡灾害总计数分别是104次和84次。此外，除了源城区和梅江区以外的河源市、梅州市其他县级，十年间发生滑坡灾害的数量在13~62次之间，而莲花山脉以西的粤东四市各县区，以及源城区和梅江区，滑坡地质灾害总计数最少，滑坡灾害十年总计数均在13次以下。

首先对滑坡地质灾害发生次数最多的连平县、紫金县和五华县进行分析。连平县地处粤北九连山区，位于河源市西北，新丰江上游，西与粤北韶关市翁源县相邻，山区面积广泛，主要分布在县境中部和北部，东江水系、北江水系的六大河流纵横分布于连平县全境。紫金县位于河源市南部,东与梅州市五华县相邻,这两个县境内高程在400m以上的山区不多,但200~400m之间的丘陵面积占比较大,紫金县内丘陵面积为全县总面积的41.2%,五华县内丘陵总面积为全县总面积的39.9%。广东省属于雨量充沛地区,尤其是降雨季节明显,3个县级的多年平均降雨量在1500~1700mm之间,在粤东地区属于中等水平。连平县和紫金县属于东江秋香江口以上流域,五华县属韩江流域,主要水系是秋香江和琴江;区域内断裂带密度较大,其中五华县主要断裂带的密度[即各县区内每km²所存在的断裂带长度(m)]为10.64m/km²,一般断裂带的密度为3.36m/km²,兴宁市主要断裂带密度为6.36m/km²,一般断裂带密度为12.16m/km²,连平县主要断裂密度为7.27m/km²,一般断裂带密度为3.60m/km²,这3个县境的断裂带分布密度在广东省处于中等偏上水平。区域内岩性最主要的组成部分是碳酸盐岩,在3个县级的面积都比较大,其次是侵入岩,也有小部分区域的岩性是火山岩和碎屑岩,区域内的土壤类型主要是水稻土和红壤,土地利用类型以林地、草地为主,连平县、紫金县植被覆盖度较高,五华县植被覆盖度较前者次之。对表5-7、表5-8进行综合分析,3个县级的土壤侵蚀程度仍以低度侵蚀为主,但沿水系、高速公路、断裂带两侧都有中度以上土壤侵蚀。

表5-9 粤东地区崩滑流地质灾害点计数分布统计表

所属地市	行政区名称	行政区面积/m²	崩塌地质灾害点计数/个	滑坡地质灾害点计数/个	泥石流地质灾害点计数/个	风险区划分
梅州市	兴宁市	2 023 847 122.84	127	84	2	轻度风险区
梅州市	五华县	3 240 399 124.87	168	147	2	轻度风险区
梅州市	梅县区	2 713 189 485.77	54	42	0	中度风险区
梅州市	梅江区	303 822 273.85	2	0	0	轻度风险区
梅州市	平远县	1 257 250 966.08	33	39	0	中度风险区
梅州市	蕉岭县	894 989 481.38	66	62	1	中度风险区
梅州市	大埔县	2 330 859 287.80	70	53	0	轻度风险区
梅州市	丰顺县	2 719 930 362.91	18	30	1	中度风险区
汕头市	澄海区	330 947 719.95				中度风险区
汕头市	金平区	153 149 809.24	1	0	0	轻度风险区
汕头市	龙湖区	122 043 468.47	0	0	0	中度风险区
汕头市	濠江区	84 678 533.99	0	1	0	中度风险区
汕头市	潮阳区	609 520 035.68	0	0	0	中度风险区
汕头市	潮南区	648 808 111.99	0	3	0	中度风险区
汕头市	南澳县	39 611 546.27	0	0	0	中度风险区
揭阳市	惠来县	1 214 053 574.10	0	0	0	中度风险区

续表 5-9

所属地市	行政区名称	行政区面积/m²	崩塌地质灾害点计数/个	滑坡地质灾害点计数/个	泥石流地质灾害点计数/个	风险区划分
揭阳市	普宁市	1 591 897 668.15	0	0	0	中度风险区
揭阳市	揭西县	1 347 591 391.05	3	2	1	中度风险区
揭阳市	榕城区	181 196 222.03	0	0	0	中度风险区
揭阳市	揭东区	867 188 966.37	0	3	0	中度风险区
汕尾市	陆河县	995 098 225.75	3	7	0	中度风险区
汕尾市	海丰县	1 758 930 877.54	2	0	0	中度风险区
汕尾市	陆丰市	1 713 910 049.76	0	3	0	中度风险区
汕尾市	城区	324 364 466.05	0	2	0	高度风险区
河源市	连平县	2 221 327 657.95	38	158	0	中度风险区
河源市	和平县	2 185 751 852.52	22	38	0	轻度风险区
河源市	龙川县	3 022 716 354.62	46	104	0	轻度风险区
河源市	东源县	3 984 123 590.50	3	38	4	轻度风险区
河源市	源城区	361 238 530.45	1	4	0	中度风险区
河源市	紫金县	3 632 689 689.09	44	152	0	轻度风险区
潮州市	饶平县	1 578 280 655.35	4	13	1	中度风险区
潮州市	潮安区	1 237 950 354.56	1	9	0	中度风险区
潮州市	湘桥区	153 795 747.14	1	1	0	中度风险区

滑坡地质灾害发生次数次之的河源市龙川县和梅州市兴宁市,高程在400m以上的山区所占比例较少,分别是18.3%和12.4%,主要分布在两个县级的北部;而高程200~400m的丘陵地区,两个县级内的比例分别是51.2%和44.6%。土地利用类型主要是草地和农用地,林地所占比例不大,所以植被覆盖率也不是很高,土壤类型以水稻土和赤红壤为主,岩性主要有侵入岩、碎屑岩和震旦纪变质岩,多年平均降雨量为1500mm,龙川县内有主要断裂带的分布,兴宁市西南地区植被覆盖度较低区域的土壤侵蚀程度在轻中度以上,同时沿水系和交通主要道路两侧也有部分地区土壤侵蚀程度较强。

根据第一节中的对粤东沿海四市的分析可知,由于受地形、岩性等因素影响,崩塌地质灾害发生次数较少,经统计,发生滑坡地质灾害的次数也比较少,在此不再具体阐述。综上可知,高程、断裂带、岩性、土壤侵蚀程度、水系都是影响粤东地区滑坡地质灾害发生的主要因素。而滑坡地质灾害与降雨量的关系,则更可能体现在最大降雨量上而非多年平均降雨量上。

四、粤东泥石流地质灾害影响因素分析

泥石流地质灾害一般情况下会与滑坡地质灾害一起出现,在暴雨、暴雪或其他自然灾害发生时,会引发携带有大量泥沙以及石块的山体滑坡和特殊的洪流,这种地质灾害称为泥石流地质灾害,一般在山区或者其他沟谷深壑,地形险峻的地区形成[79]。粤东地区的地质灾害多以崩塌、滑坡为主,通过统计十年间粤东地区泥石流发生的次数可知,河源市东源县、梅州市兴宁市、五华县是泥石流地质灾害发生次数最多的县级,而梅州市丰顺县、蕉岭县以及揭阳市揭西县、潮州市饶平县也有泥石流的发生。泥石流的突出特点包括突然性以及流速快,物质容量大,流量大和破坏力强等。

东源县地处河源市,东江中上游地区,属东江秋香江口以上流域,水域分布广,包括库容量 139 亿 m^3 的新丰江水库。境内丘陵广泛分布,但高程 400m 以上山区并不多,山地总面积占全县的 60%。有两条主要断裂带分布,京九铁路、广梅汕铁路、梅河高速、粤赣高速贯穿全境。土地利用类型以林地、草地和水体为主,岩性为侵入岩、碎屑岩、碳酸盐岩,整个县境植被覆盖指数较高,土壤类型主要是水稻土、红壤,多年平均降雨量 1750mm,县境内沿道路、水系两侧土壤侵蚀程度偏高,其他区域均为低度侵蚀。

梅州市西部的兴宁市和五华县地势独特,表现为其高程在 200m 以上,植被覆盖率相对较高的丘陵山地均分布在两个县境的四周,中间地势较低区域有梅江、琴江两条水系穿过,植被覆盖度较低,水土流失严重,而该区域的降雨量受季节影响明显,在 4—9 月降雨集中期,暴雨的发生与地貌因素一起构成了泥石流地质灾害发生的自然条件;同时,区域内铁路、高速公路等交通要素的分布,以及各种人类工程活动,也促进了区域内泥石流地质灾害的发育。

分别分析粤东地区崩塌、滑坡、泥石流 3 种地质灾害,发现梅州市、河源市是 3 种地质灾害发生次数都较多的区域。因此选取梅州市作为典型区来进行进一步的分析,以期找出并验证该区域崩滑流地质灾害的主控因素和致灾因子。

五、梅州市崩滑流地质灾害影响因素分析

梅州市是粤东地区面积最大的地级市,内辖 8 个县级行政单元,分别是兴宁市、五华县、梅江区、梅县区、大埔县、丰顺县、蕉岭县和平远县。梅州市位于广东省东北部,地处粤、赣、闽三省交界处,其东部和南部依次与粤东地区的潮州市、揭阳市、汕尾市相接,北临江西省赣州市、福建省龙岩市和漳州市,西部与同是客家文化发源地的河源市毗邻。

1. 梅州市地质灾害背景

(1)地形地貌。

地貌形态的成因是内外动力的地质作用,与它有密切联系的两类因素为区内构造和地

层岩性。构造剥蚀、构造侵蚀、侵蚀堆积、溶蚀堆积4种类型是按照形成因素分类的,如果按照地貌形态来分类,则可分为4种:丘陵、盆地、河谷、山地[80]。

梅州市境内地形复杂,其地形地貌是内外地质营力长期作用的结果,地形总体趋势为东北两面高,西部和南部相对较低。主要的山脉有莲花山脉、释迦崟山山脉、凤凰山山脉、韩山山脉、阴那山脉和罗浮山山脉,其中丰顺县北部铜鼓峰海拔1 559.5m,号称粤东第一峰。

在梅州市的8个县级行政单元中,丰顺县、平远县、大埔县和蕉岭县的山地丘陵面积占比较大,对它们的地形地貌作简要介绍如下:丰顺县境内地形复杂,处于莲花山脉中段,山体庞大,地势高峻,海拔千米以上的山峰有57座,总体趋势为北东西三面高,南部低洼的地形;平远县四周被山地环抱,特别是北部和西部地区,形成了由西北向东南倾斜的地势。较高的区域是一个典型的山区县,构造地形属于侵蚀类型,区内山峦重叠,北高南低的地势,坡度北陡南缓,局部亦东陡西缓,山地和丘陵的面积占据了县级总面积的65%;蕉岭县北高南低,全县总面积80%以上为低山丘陵地貌,其他多为盆地;大埔县构造以高丘为主,地貌类型有中低山、盆地、丘陵和河谷[81]。

梅州市五华县、梅江区、梅县区和兴宁市则属于粤东北低山丘陵地带,其中五华县西南、东南面为崇山峻岭,31座海拔千米以上的高山,莲花山脉属中低山丘陵地貌,斜贯工作区东南部,地势逐渐向东北倾斜;梅县区境内整体地势自西南向东北倾斜,山地、丘陵和盆地占全县总面积的比例分别为21.8%、54.5%和23.7%;兴宁市受NE向的莲花山脉和罗浮山山脉控制,地形地势总趋势是由北西向南东逐渐下降,而南部由南向北递降,形似扁舟,中部为300多平方千米的兴宁断陷盆地[82]。

(2)气象。

梅州市地处亚热带地区,属亚热带季风气候,四季温和,雨热共季,夏长冬短。春夏秋冬四季分明,春季气温回升,夏季炎热多雨,秋季气温渐凉,冬季出现低温霜冻。2001—2010年梅州市年平均降雨量为1740mm,最大年降雨量2200mm,降雨多集中在3—9月,占全部降雨量的83%左右,是地质灾害的多发期。3—5月为阴雨绵绵的黄梅雨季,6—9月受台风入侵影响,为暴雨季节,是地下水的主要补给期,12月至翌年3月为枯水期。汛期有大雨或暴雨,甚至有特大暴雨,易造成洪涝灾害,是崩滑流地质灾害高发期,同时也是地下水资源的重要补给源。灾害性天气主要表现在:春季低温阴雨,倒春寒;5—6月间的龙舟水和夏秋间的台风雨;秋季寒露风和冬季霜冻以及局部性的冰雹、龙卷风等。

由于岭南山脉的屏障作用,以及地形、地势的影响,梅州市的降雨量地域分布和季节分布差异显著,在空间分布上的总体趋势是东部和南部县级受潮汕台风影响较大,降雨量大;中部和西部被高山阻挡,降雨量逐渐减少,并且在山脉两侧具有迎风坡降雨多、背风坡降雨少的特点。由此可见,梅州市的降雨量在时空上表现出明显的差异性特征。

(3)水文。

从流域上看,除兴宁市罗浮镇属东江流域之外,梅州市其他各县级及乡镇均属于韩江流域;境内水源充足,水系发育,包括有韩江水系、梅江水系、汀江水系、琴江水系和宁江水系,以及众多的放射状中小河流,各河流水量受大气降雨和季节的变化而变化,夏秋季汛期降雨多,水量充沛,遇长时间大暴雨,易山洪暴发造成洪灾;冬春季降雨少,雨量少,水量锐减,河床多见暴露。从地貌上看,河谷平原区常受水灾威胁,洪患及其带来的崩滑流地质灾害给工农业带来较大的威胁。

(4)岩性与地质构造。

梅州市的岩性分布从多至少依次是,侵入岩→火山岩→碎屑岩→碳酸盐岩与震旦纪变质岩。其中碳酸盐岩主要分布在五华县西部、丰顺县,碎屑岩主要分布于平远县、蕉岭县和梅县区,侵入岩主要分布于五华县东部、兴宁市西部和大埔县境内。梅州市境内断裂带发育较为密集,由于多次构造运动的复合引起形变,形成以NE向构造为主,NNW向、近EW向构造为辅的构造体系格局[82]。主要断裂构造有NE向的五华大断层、紫金断层、蓝田断层、白渡断层、石壁-汾水断层、苏田断层、月树下断层、马鞍凹断层、乌石岗断层、丽水-莲花山断层、庵子隔断层、赤朱流断层等;NW向的有高车洞断层、兰坑口断层、明山断层、高屏断层、华山断层、长田墟断层、石正墟断层等;SN向的有泮溪断层等。

(5)植被覆盖与土壤侵蚀。

梅州市境内丘陵山地分布广泛,土壤侵蚀程度属低度侵蚀的区域,植被覆盖率较高;而在五华县、兴宁市的盆地地区,以及人口分布密集的梅江区,植被覆盖率较低,且土壤侵蚀程度多为中高度及以上程度;另外,在水系、断裂带、道路等线状地物的两侧,土壤侵蚀程度也较高。

(6)人类工程经济活动特征。

随着社会经济的发展,人类生活水平的不断提高,人类工程经济活动也在不停地大幅增加,主要表现为道路交通设施的建设、矿山的开发开采、民用宅基地等房屋的切坡建房、开山挖石等。这种工程活动对梅州市地质灾害的形成产生了深远的影响。

①切坡建房。梅州市大部分县级都是以丘陵及山地为主,其中丰顺县更是广东省典型的山区县之一。近年来,随着人民生活水平的提高,新建、扩建住宅的农户显著增多,主要表现在各县级中乡镇自然村的山区,由于受地形地貌的限制,人口居住相对分散,随着人口的增加,出现大量的人工削坡建房,形成大量不稳定的人工边坡,且坡度陡,坡角一般在70°～80°,并由此形成了大量的临空面。山区素有"八山一水一分田"之说,在强降雨或长时间降雨气象因素发生时,由于农村住宅大都依山而建,削坡垒土形成的前坎后坡极少进行有效防护,极易发生崩塌、滑坡等地质灾害,成为梅州市较为严重的地质灾害影响因素。

②道路交通建设。梅州市交通以公路为主,铁路为辅,广梅汕铁路、梅汕高速公路、206国道、333线省道、332线省道、221线省道和多条县道及乡村简易公路组成陆内交通运输网,随着梅州市社会经济发展的需要,大量的旧公路改造、扩建和新公路的建设,特别是乡村公路的建设不可避免地要切坡,形成不稳定的人工边坡及临空面,道路沿线两侧坡角一般在75°～80°,因受到长时间强降雨的影响,极易成为发生地质灾害的危险地段,形成崩塌、滑坡、泥石流。虽然当地政府及主管部门采取了一些工程整治措施,但梅州市道路交通仍存在较为严重的地质灾害隐患。

③矿山开采。梅州市矿产资源较丰富,主要有高岭石矿、煤矿、铁矿、石灰矿、铅锌矿、稀土矿、萤石矿、石膏矿及露天采石场等,以个体矿山开采为主。矿山对地质环境的破坏较为激烈,如矿山采空区产生不同程度的地面塌陷,矿井抽排地下水造成地下水位下降引起地面沉降及变形,矿井揭穿溶洞及导水构造引发岩溶塌陷,矿山在开采过程中破坏了山体边坡的稳定性诱发崩塌、滑坡等,给人民生命财产带来危害。

2. 梅州市地质灾害点分布

根据资料统计及野外实地调查,梅州市的地质灾害类型主要有滑坡、崩塌、地面塌陷、泥石流等。此次统计的地质灾害点总数为 384 个,其中滑坡 209 处,崩塌 136 处,泥石流 10 处,地面塌陷 27 处,地裂缝 2 处。由此可知梅州市地质灾害类型主要为崩塌、滑坡,且规模大多为中小型。

(1)地质灾害的时间分布特征。

3—9 月是梅州市降雨的主要月份,地质灾害亦集中发生在 3—9 月,从梅州市地质灾害发生的时间来看,占 97% 以上的统计数据地质灾害发生时间与大气强降雨时段相一致,由此可以推断出突发性地质灾害,如崩塌、滑坡等发生时间集中、并发且与灾害性暴雨产生时间基本相同[82]。

(2)地质灾害的空间分布特征。

①从地形地貌上,低山丘陵区是梅州市地质灾害的高发区。通过 ArcGIS 中的值提取至点、表筛选等功能进行统计得出表 5-10 的结果,梅州市 384 处已发生的地质灾害中,有 177 处发生在 200~400m 的丘陵山地区,128 处发生在 100~200m 的丘陵区,这两类区域发生地质灾害总数占 79.4%,丘陵山地区人类工程经济活动强烈,地质灾害发生率最高;48 处发生在 100m 以下河谷平原区,占 12.5%,原因是这些区域人类工程经济活动相对较规范,因此地质灾害的发生率相对较低;400m 以上山区共发生地质灾害 31 处,且全部为崩塌、滑坡地质灾害,共占总数的 8.1%,山区地质灾害发生率低的原因是山区人类工程经济活动少,自然生态较好,原始森林覆盖率高。

表 5-10 梅州市地质灾害点计数与高程统计表

高程/m	≤100	101~200	201~300	301~400	>400
地质灾害点计数/个	48	128	127	50	31

②从岩性分布上看,地质灾害点的分布是侵入岩区域分布 119 处、火山岩全市分布 89 处、碎屑岩全市分布 79 处、碳酸盐岩全市分布 51 处,这 4 类区域分布的地质灾害点共占全市灾害点总数的 88.1%。地质灾害点分布密度大的有梅州市兴宁市、丰顺县、大埔县,这些县级岩组风化残坡积层厚,是造成地质灾害的主要原因。

③从人类工程经济活动上分析来看,多易发生崩塌、滑坡地质灾害的为人类工程活动强度大的村庄和道路交通沿线。

在SPSS软件平台上,对梅州市的384个崩滑流地质灾害点分布与高程、植被覆盖度、岩性、土壤侵蚀程度、土地利用类型、坡向、坡度和降雨量8个因子进行相关性分析,得出如表5-11所示的分析结果。

表5-11 梅州市崩滑流地质灾害点与各影响因素相关性分析统计表

因子	地质灾害点分布	高程	植被覆盖度	岩性	土壤侵蚀程度	土地利用类型	坡向	坡度	降雨量
地质灾害点分布	1	−0.032	**−0.182****	−0.046	**0.100***	0.092	−0.058	**−0.117***	−0.028
高程	−0.032	1	0.307**	−0.035	−0.242**	−0.257**	−0.007	0.177**	−0.081
植被覆盖度	−0.182**	0.307**	1	0.013	−0.358**	−0.561**	−0.065	0.253**	−0.036
岩性	−0.046	−0.035	0.013	1	0.011	−0.003	0.004	0.023	−0.069
土壤侵蚀程度	0.100*	−0.242**	−0.358**	0.011	1	0.306**	−0.069	−0.134**	0.035
土地利用类型	0.092	−0.257**	−0.561**	−0.003	0.306**	1	−0.003	−0.260**	0.031
坡向	−0.058	−0.007	−0.065	0.004	−0.069	−0.003	1	−0.001	−0.058
坡度	−0.117*	0.177**	0.253**	0.023	−0.134**	−0.260**	−0.001	1	−0.124*
降雨量	−0.028	−0.081	−0.036	−0.069	0.035	0.031	−0.058	−0.124*	1

注:①星号的数量表示显著性的高低,即星号越多,相关性的显著性就越高;②黑体是这一行中3个绝对值最大的数值,也就是相关性最强的3个要素。

根据以上相关系数统计结果可知,与梅州市崩滑流地质灾害点分布的相关性最为显著的前3个影响因子分别是植被覆盖度、土壤侵蚀程度、坡度。其中,植被覆盖度与灾害点的分布呈显著负相关,说明植被覆盖度越高,越不易发生地质灾害;土壤侵蚀程度与灾害点的分布呈显著正相关,表明土壤侵蚀程度越高,越容易发生崩滑流地质灾害;而坡度因子与地质灾害点的分布呈显著负相关,说明在梅州市范围内,并不一定是坡度越高就越容易发生地质灾害。

3. 梅州地质灾害影响因素分析

地质灾害形成的内在因子包括地质岩性、地质构造、地形地貌等在内的自然因素,而人类工程活动和包括台风、强降雨等在内的气象灾害构成了地质灾害形成的外因。也就是说,地质灾害的成因受自然因素和人为因素共同作用[81]。通过ArcGIS中的栅格计算、缓冲区分析、叠加分析等空间分析功能对梅州市地质灾害的影响因素进行统计分析,结果如下。

(1)地形地貌——在一定程度上决定着地质灾害的分布。

梅州市主要分布地形为丘陵,地质灾害与地形密切相关,主要包括高程和坡度两个因子,根据以上统计,在384个地质灾害点中有79.4%的灾害点分布在高程100~400m之间的丘陵区;分布在坡度值5°~25°之间的有291个,占灾害点总数的78.4%,25°~40°之间的13个,小于5°的有79个,梅州市崩滑流地质灾害点主要分布在坡度为5°~15°的区间,共占灾害点总数的54.2%(表5-12)。结合表5-10的相关性分析结果,可知坡度对梅州市地质灾害点的影响主要体现在坡度小于25°的地理范围内,因此,坡度也是梅州市地质灾害发生的主要致灾因子。除此之外,在植被覆盖度和土壤侵蚀程度两个主控因素的基础上,必定还有其他重要诱发因素。

表5-12 梅州市地质灾害点计数与坡度统计表

坡度/(°)	0~5	5.1~10	10.1~15	15.1~20	20.1~25	>25
地质灾害点计数/个	79	117	91	54	27	16

(2)地质岩性与构造——在一定程度上决定着地质灾害的类型和发育程度。

对梅州市384个地质灾害点所在位置的地质岩性进行统计,可得出侵入岩区域的地质灾害点数最多,共计119处(表5-13)。同时,不同的岩性,风化侵蚀的能力也各异。极易风蚀的硬质侵入岩组,有5~20m范围的残坡厚度,岩石质地坚硬,极易导致崩塌、滑坡的地质灾害多发。硬而脆的岩石组成的碳酸盐岩组,主要由半罩式覆盖,有小于5m的覆盖坡面土,由于富含水分,在受到一定的干扰活动后,采空型塌陷或岩溶塌陷发生的概率大增。

表5-13 梅州市地质灾害点计数与岩性统计表　　　　　　单位:个

岩性	崩塌	滑坡	泥石流	地面塌陷	地裂缝	总计数
侵入岩	48	61	3	7	0	119
火山岩	20	63	0	6	0	89
碎屑岩	26	41	3	8	1	79
碳酸盐岩	18	29	0	4	0	51
震旦纪变质岩	24	15	4	2	1	46

此外,通过对梅州市主要断裂带建立起半径为500m、1000m、1500m的缓冲区并进行统计计算,可得出在缓冲区范围内的地质灾害点共有32个,其中崩塌地质灾害点12个,滑坡地质灾害点18个,泥石流地质灾害点2个,且其中有16个灾害点分布在半径500m缓冲区内,可见断裂带的分布对地质灾害的发生也有一定的影响。

(3)降雨——在一定程度上决定着地质灾害发生的时间。

降雨,特别是短时大强度降雨是诱发崩滑流地质灾害发生的主要自然因素之一。它能在不长的时间段内迅速破坏致灾体与灾源体的一致性,降低它们之间的摩擦力,同时,快速增加致灾体的重量。3—9月是梅州市的降雨集中月份,根据梅州市384个地质灾害点数据资料,90%以上的地质灾害发生在上述月份,其中5月最多,其次为7、8月。如2003年5月17日,梅州市蕉岭县突发大暴雨,不到一天的时间降雨量为132mm,崩塌、滑坡等地质灾害在山坡、道路旁边普遍出现。但地质灾害发生的时间段与强降雨发生的时间段又存在一定的时间差,为20~30d[80]。比如某次强降雨发生的时间段为5月初,经过20—30d的地质灾害孕育期,发生地质灾害的时间调整到5月中旬至6月中下旬。由此可见,强降雨对梅州市地质灾害发生的时间有着非常大的影响。

(4)人为因素——在很大程度上诱发地质灾害的发生。

根据实地调查及资料统计,梅州市地质灾害点的分布特点是崩塌、滑坡地质灾害分布密度大,村庄人口密度大,自然坡角较大,居民依山而居;人类工程活动强烈,削坡建房及新建的公路形成大量的危险斜坡,人为所造成的人工边坡90%以上都未采取有效的工程处理或安全防护措施。因边坡不稳定而诱发的地质灾害时有发生。根据384个建卡点统计,滑坡209个,人为因素造成的滑坡181个,占该类地质灾害点的86.6%;崩塌136个,人为因素导致的崩塌77个,占该类地质灾害点的56.6%;塌陷27个,人为因素造成的塌陷14个,占该类地质灾害点的51.9%。人为因素是梅州市地质灾害重要诱发因素之一,人类工程活动对梅州市80%以上的地质灾害产生了影响,这里通过以下几个方面来进行说明。

①山区居民建设宅基地,通过削坡建房、交通道路建设等人工切坡等方式,极易诱发崩塌或滑坡,该类型人工边坡越陡、坡高越高而未采取有效防护措施越易发生地质灾害。人工削坡是诱发滑坡、崩塌地质灾害重要的人为因素之一。

梅州市境内丘陵山地分布广泛,导致由于道路修建、工程兴建、开挖边坡等原因形成的崩塌、滑坡地质灾害众多,如图5-4、图5-5分别是梅县大坪镇的松岗河小流域境内,由于修建公路、削坡建房所导致的斜坡灾害点[83]。

图5-4 修建公路形成的斜坡地质灾害　　图5-5 居民点开挖形成的斜坡地质灾害

通过对梅州市铁路、高速公路、国道、省道等主要道路建立起半径为 500m、1000m、1500m 的三级缓冲区,进行统计计算可得出,共有 262 个灾害点分布在缓冲区内,其中崩塌地质灾害点 93 个,滑坡地质灾害点 137 个,缓冲区内所有地质灾害点数量占地质灾害总数量的 68.2%,而在 500m 缓冲区内分布的灾害点数量有 118 个,足以说明人工切坡对崩塌和滑坡地质灾害具备一定的诱发作用(图 5-6)。

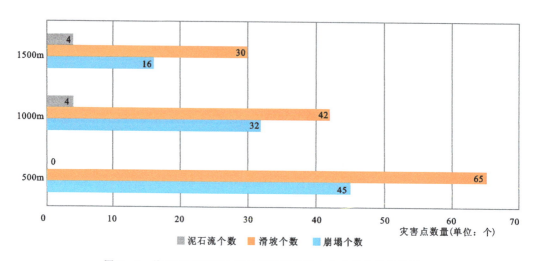

图 5-6　梅州市三级缓冲区与崩滑流地质灾害点分布数量统计图

②矿山采空、矿井疏干排水诱发的地面塌陷,乱采滥挖、不规范开采诱发地质灾害。建议尽快做好矿产资源规划,划定禁采区,开采矿区应尽量避开人口密集和经济发达地区,减小矿山次生地质灾害造成的损失。

③测区人民在宅基地建设时大多没有参考周围地质环境、没有及时采取护坡措施应对削坡过陡、发现地质灾害征兆时没有及时采取"避让"措施等,都反映了测区人民群众在预防地质灾害中的意识淡薄,特别是在灾害发生后,没有等地质环境恢复,急切实施建设推土,清理的方向性错误,缺乏地质灾害治理防治方面的知识,都会导致地质灾害的再次发生[82]。

综上分析可总结出梅州市崩滑流地质灾害的基本分布特征是数量多、规模小、稳定性差;灾害类型以人工边坡诱发的崩塌、滑坡为主,其地理位置主要分布在兴宁市、五华县、大埔县和蕉岭县的丘陵山地,泥石流地质灾害点主要分布在兴宁市和丰顺县境内。

本节通过对梅州市崩滑流地质灾害各影响因素的相关性分析,结合 ArcGIS 中的栅格计算和缓冲区分析等统计分析,得出梅州市的地质灾害发生的主控因素是植被覆盖度与土壤侵蚀程度,重要的致灾因子是降雨与人类工程活动。每年 5—7 月降雨量最集中的时间段,在植被覆盖度较低、土壤侵蚀程度较高,高程 100~300m,坡度 5°~15°的丘陵地区,尤其是受人类工程活动影响较大的地域,例如与道路距离小于 500m 的区段,最容易发生崩滑流地质灾害。

因此,控制不稳定的人工边坡或工程防治人为的高边坡,加强植树造林、防治水土流失、改善生态环境等是减少梅州市地质灾害发生的重要手段。

第三节 粤西崩滑流地质灾害影响因素分析

一、粤西地质灾害背景

粤西地区包括云浮市、茂名市、阳江市和湛江市四市,海岸带沿阳江市、茂名市、湛江市向南延伸,总长度为 2118km。该区域总面积为 3.8 万 km^2,约占全省的 16.5%。本节从地质灾害的自然背景和社会经济背景两个方面进行分析。

1. 自然背景

这里从水系分布、地形地貌、流域、断裂带、地质岩性、降雨量、植被覆盖度等几个重要的方面来进行说明。

对粤西地区的崩滑流地质灾害点进行统计分析,2001—2010 年,广东省年鉴及相关资料中所记载的粤西地区崩滑流地质灾害总计数为 1890 次,其中崩塌地质灾害 1066 次,滑坡地质灾害 803 次,泥石流地质灾害 21 次,计算得出区域内崩滑流地质灾害发育密度为 36 个/$10^3 km^2$。

粤西区域地貌分布多样,阳江市和云浮市以山地丘陵为主,湛江市和茂名市以台地平原为主,区域内高程 400m 以上的山区主要分布于三大山脉及云开大山、大雾岭,以及在信宜市东面和阳江市西面之间向西南高州市衍生的大云雾山脉,其中大云雾山脉主峰大田顶海拔 1704m,是广东省的第二高峰,位于信宜市东南与高州市东北交界处。这些区域在粤西地区所占面积比例为 10.8%,再通过 ArcGIS 中的栅格统计功能对粤西地区 200~400m 之间的丘陵地区进行统计,得出丘陵地区在粤西所占比例为 16.7%,且其分布与 400m 以上山区的分布基本一致,由此可见,200m 以下的台地、平原占据了粤西区域的主要分布。在山区分布广泛的茂名市、阳江市境内,植被覆盖度也高,而在以平原台地地貌为主的湛江市,植被覆盖度则较低。

粤西地区水资源丰富,大小河流众多,河网密布,是林业和发展水电的主要地区。其流域主要由两部分组成,云浮市和茂名市信宜市北部属于黔浔江及西江流域,西江主流自西向东流经郁南县、德庆县、云安区、端州区和鼎湖区,进入江门市境内,而西江支流罗定江、新兴江则自北东向南西流经云浮市和肇庆市东部县级;茂名市其他县级、阳江市,以及全省平均海拔最低的湛江市,属于包括九洲江、鉴江、漠阳江和南渡河等在内的粤西诸河流域。其中湛江市雷州青年运河,其主河和四联河、东海河、西海河、东运河、西运河五大干河全长达到 271km,为雷州半岛农业灌溉、水力发电、工业和生活供水所服务。

通过观察对比,发现在整个粤西地区,断裂带的分布密度比粤东地区要小得多,粤西地区主要断裂带有两条,一条发源于清远市东北部,沿 SW 方向延伸,经粤西地区云浮市东部进入阳江市阳春市并贯穿全境,最后到达湛江市吴川市以北地区,另一条断裂带也是沿 NE-SW 走向经过云浮市新兴县和阳江市阳春市。在粤西其他区域,如湛江市北部、云浮市、茂名市也有少数零星一般断裂带分布。

粤西地区的地层岩性分布仍包括侵入岩、火山岩、碳酸盐岩、碎屑岩、第四纪松散堆积层、震旦纪变质岩。其中粤西北部云浮市的地质岩性主要是碎屑岩、侵入岩;粤西中部的茂名市高州市、信宜市境内,震旦纪变质岩占了绝大部分比例,阳江市的岩性以碎屑岩、侵入岩为主,但在阳春市境内也有部分碳酸盐岩分布;粤西南部的湛江市境内,其地层岩性以第四纪松散堆积层为主,而在雷州市南部和徐闻县,由于雷州半岛火山的分布,属熔岩地貌,火山岩分布广泛(表5-14)。

表5-14 粤西地区岩性分布面积占比

岩性	面积占比/%
侵入岩	18.4
火山岩	8.4
碎屑岩	28.3
碳酸盐岩	10.9
第四纪松散堆积层	14.9
震旦纪变质岩	19.1

通过对广东省各县级2001—2010年降雨量的分析统计可得出,粤西地区多年平均降雨量图,发现粤西地区年平均降雨量最大的是阳江市,均值达到2250mm,进一步证实了阳江市是粤西多雨带最大的暴雨中心。阳江市地处低纬地区,北部背靠NE-SW走向的云雾山,最高山峰鹅凰嶂,海拔1337m,南临南海,与海陵岛之间形成海陵湾,海陆风环流是阳江地区独特的大气现象,受海陆温度差异、海岛、海湾的共同影响,与天气变化作用密切相关,具有独特的地理位置和地形特征两大特点。年平均降雨量次之的茂名市,受其自然地貌影响,云雾山山脉作为天然屏障,在雨季来临时抬升暖湿气流,使茂名市南部高州市等县级降雨充沛[84]。湛江市是广东省海岸线最长的城市,地貌以台地、平原为主,4—9月为多雨季节,低压、热带风暴、台风是该区域降雨的主要影响因素,年平均降雨量在1600mm左右。

受自然地理区域分布的影响,粤西地区土壤类型为水稻土和沙土,也有少部分红壤和赤红壤分布,中部地区土壤类型为水稻土和赤红壤,南部地区主要是砖红壤和沙土(表5-15)。

2. 社会经济背景

这里从道路分布、土地利用类型和土壤侵蚀程度3个方面进行阐述。

粤西地区西侧是环北部湾经济区,东邻珠三角区域,具备良好的经济区位条件,以湛江市、茂名市和阳江市的市区为粤西的核心,粤西地区交通网密布,三茂铁路、粤海铁路、广湛高速、西部沿海高速等铁路、公路遍布全境,铁路、高速公路等交通干线通常是区域开发的主轴,一定程度上也对区域内的地质灾害发生有着促进作用。

表 5-15 粤西地区土壤类型分布面积占比

土壤类型	面积占比/%
水稻土、沙土	30.29
水稻土、砖红壤	7.89
水稻土、赤红壤	10.61
水稻土、赤红壤、潮土	1.73
水稻土、赤红壤、红壤、黄壤	6.03
砖红壤、水稻土	4.33
砖红壤、沙土	28.91
砖红壤、火山土、沙土	0.15
紫色土、水稻土、赤红壤	4.38
紫色土、红壤、黄壤	0.16
红壤	1.16
红壤、赤红壤	0.00
红壤、黄壤、水稻土	4.36

粤西地区的土地利用类型有很明显的南北差异，在茂名市高州市以北包括云浮市，主要土地利用类型为林地，而高州市以南区域由于地形地貌原因，土地利用类型大部分为农用地。土壤侵蚀程度的影响因素众多，包括土地利用类型、土壤类型、降雨量、水系、植被分布等，从粤西地区的土壤侵蚀分布图来看，山区及植被覆盖度较高的地区，土地利用类型多为林地，土壤侵蚀程度大多属于低度侵蚀，而轻中度及高度、极度侵蚀区域则大部分都分布在人口较集中的市、县区，道路、水系及断裂带的两侧，土地利用类型多为农用地或城市用地（表5-16）。

粤西地区各影响因素数值统计如表 5-17 所示。

表 5-16 粤西地区土地利用类型分布面积占比

土地利用类型	面积占比/%
林地	25.12
草地	14.59
农用地	55.68
水体	2.68
城市用地	1.81
裸地及低植被覆盖地	0.12

表 5-17 粤西地区各影响因素数值统计

所属地市	所属县区	最大相对高差/m	多年平均降水量/mm	最大24h点雨量均值/mm	最大3d点雨量/mm	火山和石英质碎屑岩面积比/%	砂砾质碎屑岩面积比/%	页泥质碎屑岩面积比/%	石灰质碎屑岩面积比/%	断裂带分布密度/(m·km^{-2})	建成区面积比/%	水系密度/(m·km^{-2})	道路密度/(km·km^{-2})
茂名市	高州市	1667	1800	150	500	6.90	10.24	0.00	82.86	7.06	5.30	24.85	80.30
茂名市	信宜市	1657	1750	150	200	18.56	2.13	0.00	79.31	6.24	4.71	8.48	71.91
茂名市	茂港区	171	1400	180	1000	25.47	74.53	0.00	0.00	23.92	30.55	0.00	124.19
茂名市	化州市	552	1700	175	700	19.01	62.43	0.00	18.57	15.98	6.76	15.56	83.01
茂名市	电白区	1250	1500	160	300	46.50	36.01	0.00	17.49	10.78	6.07	2.27	91.82
茂名市	茂南区	99	1500	180	1000	10.47	89.53	0.00	0.00	16.22	6.27	0.00	125.31
阳江市	阳西县	1250	2400	240	1100	12.27	50.45	0.00	37.27	8.71	4.35	0.00	75.51
阳江市	阳春市	1249	2200	220	150	26.95	36.34	0.00	36.71	16.96	2.42	27.02	69.35
阳江市	阳东区	1000	2100	210	700	48.30	47.73	3.97	0.00	4.95	8.47	8.06	66.03
阳江市	江城区	350	2200	210	900	16.84	15.77	0.00	67.40	0.00	14.51	21.72	135.86
云浮市	云安区	1107	1500	120	200	3.55	81.93	0.00	14.52	28.61	6.14	2.25	93.96
云浮市	罗定市	1250	1500	120	200	2.61	24.06	0.00	73.33	26.91	3.67	7.56	79.68
云浮市	新兴县	1212	1600	130	200	55.00	45.00	0.00	0.00	13.05	5.31	22.27	91.34
云浮市	云城区	1000	1500	120	200	33.33	20.49	0.00	46.19	22.65	1.50	3.93	119.12
云浮市	郁南县	856	1400	110	150	10.86	82.51	0.00	6.63	10.19	6.94	11.18	91.30
湛江市	赤坎区	57	1600	170	500	0.00	0.00	100.00	0.00	0.00	100.00	0.00	126.71

续表 5-17

所属地市	所属县区	最大相对高差/m	多年平均降水量/mm	最大24h点雨量平均值/mm	最大3d点雨量/mm	火山和石英质碎屑岩面积比/%	砂砾质碎屑岩面积比/%	页泥质碎屑岩面积比/%	石灰质碎屑岩面积比/%	断裂带分布密度 (m·km^{-2})	建成区面积比/%	水系密度 (m·km^{-2})	道路密度 (km·km^{-2})
湛江市	廉江市	350	1650	160	300	43.24	25.19	12.26	19.30	17.91	9.22	27.47	69.94
湛江市	吴川市	120	1400	170	200	23.64	42.21	31.98	2.17	22.43	12.27	17.11	89.06
湛江市	徐闻县	250	1500	185	500	74.45	0.00	25.55	0.00	0.00	14.81	0.00	84.44
湛江市	坡头区	125	1400	200	300	11.08	10.16	78.76	0.00	7.06	35.94	0.00	64.30
湛江市	麻章区	162	1600	160	300	21.94	0.00	78.06	0.00	0.00	33.25	0.00	89.17
湛江市	雷州市	250	1500	185	500	39.09	0.00	60.91	0.00	0.00	7.48	18.87	66.98
湛江市	遂溪县	232	1600	160	300	20.68	6.58	72.74	0.00	3.01	12.16	8.19	78.89
湛江市	霞山区	136	1400	200	300	0.00	0.00	99.89	0.11	0.00	27.72	0.00	36.47

二、粤西崩塌地质灾害影响因素分析

对粤西地区2001—2010年十年间所发生的崩塌地质灾害进行统计可得出,粤西地区崩塌地质灾害点计数及山区分布对比图。经统计,崩塌地质灾害发生次数在110次以上的县级有云浮市郁南县,崩塌地质灾害发生次数为134次;茂名市信宜市、高州市,崩塌地质灾害发生次数分别为136次、110次;阳江市阳春市,崩塌地质灾害发生次数为129次。这些县级是粤西地区崩塌地质灾害最为严重的区域。崩塌地质灾害严重程度次之的县级分别是云浮市罗定市、茂名市电白区,分别为72次、63次。而粤西地区南部位于大云雾山脉以南的茂名市化州市、茂南区、茂港区,以及湛江市全市范围内,崩塌地质灾害发生次数极少,大部分县级都没有崩塌地质灾害发生记录(表5-18)。

表5-18 粤西地区崩滑流地质灾害点计数分布统计表

所属地市	行政区名称	行政区面积/m²	崩塌地质灾害点计数/个	滑坡地质灾害点计数/个	泥石流地质灾害点计数/个	总数/个	风险区划分
云浮市	罗定市	2 324 882 901.86	72	109	0	181	轻度风险区
云浮市	郁南县	1 942 865 983.57	134	86	0	220	轻度风险区
云浮市	云安县	1 230 087 516.03	23	79	7	109	中度风险区
云浮市	云城区	733 218 304.56	8	13	0	21	中度风险区
云浮市	新兴县	1 464 138 646.58	26	65	0	91	轻度风险区
湛江市	徐闻县	1 671 956 566.07	0	1	0	1	轻度风险区
湛江市	雷州市	3 422 275 765.82	0	0	0	0	低度风险区
湛江市	遂溪县	1 967 948 734.26	0	1	0	1	低度风险区
湛江市	廉江市	2 714 471 290.64	2	0	0	2	轻度风险区
湛江市	赤坎区	58 442 471.34	1	0	0	1	中度风险区
湛江市	吴川市	840 101 849.04	0	0	0	0	轻度风险区
湛江市	霞山区	61 227 861.85	0	0	0	0	轻度风险区
湛江市	麻章区	695 458 699.64	0	1	0	1	轻度风险区
湛江市	坡头区	446 536 137.23	0	0	0	0	中度风险区
茂名市	化州市	2 356 195 395.97	1	2	1	4	中度风险区
茂名市	高州市	3 292 575 689.94	110	59	0	169	高度风险区
茂名市	茂南区	537 172 504.90	0	0	0	0	轻度风险区
茂名市	电白区	1 682 745 125.36	63	11	0	74	中度风险区
茂名市	信宜市	3 040 819 251.25	136	86	4	226	中度风险区

续表 5-18

所属地市	行政区名称	行政区面积/m²	崩塌地质灾害点计数/个	滑坡地质灾害点计数/个	泥石流地质灾害点计数/个	总数/个	风险区划分
茂名市	茂港区	305 066 698.13	2	0	0	2	中度风险区
阳江市	阳春市	4 087 688 296.97	129	95	5	229	中度风险区
阳江市	阳西县	1 344 405 429.95	7	2	0	9	中度风险区
阳江市	江城区	665 892 383.13	1	3	0	4	中度风险区
阳江市	阳东区	1 671 471 065.42	4	8	0	12	中度风险区

崩塌地质灾害发生次数最多的县级，也是粤西地区 400m 以上山区分布集中的区域。其中茂名市高州市、信宜市和阳江市阳春市是大云雾山脉的分布区，粤西最高峰大田顶就位于这个区域，区域内部水系密布，其中茂名市信宜市属黔浔江及西江（梧州以下）流域，高州市属于粤西诸河流域，主要水系有鉴江和高州水库，阳江市阳春市也属于粤西诸河流域，主要陆地水系为漠阳江及其支流潭水河，还有大河水库和张公龙水库。受地形影响，大云雾山脉以东的阳春市多年平均降雨量达到 2200mm，而整个阳江市也是粤西地区暴雨中心，通过粤西地区植被覆盖指数分布图可明显看到，阳春市漠阳江两侧植被覆盖率降低，粤西地区的两条主要断裂带，也从阳春市境内沿 NE-SW 走向贯穿通过，同时，阳春市境内交通发达，三茂铁路、S51 肇阳高速、113 国道也是沿 NE-SW 走向与断裂带平行分布，为该区域地质灾害的发生奠定了基础。阳春市的地质岩性沿断裂带的分布有非常明显的差异性，在两条断裂带之间以碎屑岩为主，而东西两侧则有侵入岩、碳酸盐岩和少量震旦纪变质岩分布；阳春市西北部地区及东部沿海土地利用类型多为林地，而其他地区的土地利用类型主要是农用地；区域内土壤类型以水稻土和赤红壤为主，土壤侵蚀程度受以上因素的综合影响，在植被覆盖度高的林地为低度侵蚀，而植被覆盖率较低的农用地区域，土壤侵蚀程度也在轻中度以上范围。综上分析，阳春市崩塌灾害的影响因素众多，包括岩性、断裂带、水系、道路、降雨量、土地利用类型及土壤侵蚀程度。由于大云雾山脉的阻挡，山脉以西的高州市、信宜市多年平均降雨量相对较少，但也达到 1800mm 的均值，植被覆盖率由西面逐渐向东侧的山区增加，同时土地利用类型也从农用地为主逐渐过渡为以林地为主，G65 高速公路和 207 国道由南自北贯穿两个县级，岩性主要属于震旦纪变质岩，土壤类型以水稻土、砖红壤为主，大部分区域土壤侵蚀程度为低度侵蚀，沿水系两侧有少量中重度土壤侵蚀区域分布。云浮市的郁南县，境内主要水系是西江主流和罗定江，岩性基本为碎屑岩，交通干道为 G80 高速公路，因此推断该县级内影响崩塌灾害频发的主要因素是岩性和水系分布。

粤西地区崩塌地质灾害发生次数最少的县级是大云雾山脉以南的茂名市化州市、茂南区、茂港区，而湛江市全境仅发生 3 次崩塌。该区域地处雷州半岛及其以北地区，西北高、东南低，平均高程在 200m 以下，属于丘陵、台地地貌。经统计，区域内多年平均降雨量为 1400~1700mm，9 月为暴雨鼎盛期，夏秋季多台风，对区域内的短时瞬时降雨量有着极大的影响。

岩性自北向南分别是以碎屑岩、第四纪松散堆积层、火山岩为主，土地利用类型大部分为农用地，土壤类型以砖红壤和沙土为主，植被覆盖度远低于粤西北部山区及丘陵分布广泛地区。境内水网密布，主要由茂名市西南部的罗定江、鉴江和雷州青年运河及其干河组成，粤海铁路及G15高速由南至北贯穿区域，断裂带密度小。受地形、岩性、气候等因素的影响，该区域内少有崩塌地质灾害发生，而以台风等气象灾害为主。

三、粤西滑坡地质灾害影响因素分析

影响滑坡地质灾害发育的因素有很多，且相互制约，而主要因素既包括高程、坡度、降雨等自然因素，也有各种工程活动导致的人为因素。根据广东省志及广东年鉴中的记录将2001—2010年粤西地区滑坡地质灾害的发生次数进行统计制图，发现粤西地区滑坡地质灾害总计数最多的区域与崩塌地质灾害总计数最多的区域基本相似，都集中于粤西中部地区。经统计，滑坡地质灾害总计数多的县级，分别是云浮市罗定市、云浮市郁南县、茂名市信宜市、阳江市阳春市，其滑坡地质灾害总计数均在86～109次之间。而滑坡地质灾害发生次数最少的区域，仍集中分布在大云雾山脉以南的茂名市、湛江市境内，其十年间滑坡地质灾害发生次数均在2次以下，大部分县级没有滑坡地质灾害发生记录（表5-18）。

粤西地区中部的阳江市阳春市、茂名市信宜市、云浮市罗定市和郁南县，是整个粤西地区山区和丘陵分布最为广泛的地区，高程在200m以上的山地丘陵面积所占比例超过这些县级总面积的50%，断裂带、水系以及主要道路的分布密度较大，且大部分集中分布在高程低于200m的区域。根据广东省多年年鉴的记录分析，该区域内的滑坡地质灾害多发生在山区农村，发育类型主要为小型滑坡，发生的时间大部分在每年4—9月多雨期。而阳江市是粤西地区多年平均降雨量最大的地区，也是广东省暴雨中心，因此，突发性、持续性的降雨，与其他自然因素及人类工程活动因素一起，构成了该区域滑坡发生的主控因素。如2010年9月21日，受超强台风"凡亚比"的影响，广东省内普降大到暴雨，其中茂名市、阳江市更是遭受超500年一遇的特大暴雨，茂名市高州市马贵镇24h降雨量最大达到720mm，阳江市阳春市双滘镇最大24h降雨量为841mm，导致该区域发生崩塌、滑坡、泥石流群发性地质灾害数十起，并造成了严重的人员伤亡，同时使区域内交通、电力、通信等基础设施遭到破坏，造成巨大的经济损失。

粤西区域发生滑坡地质灾害记录最少的区域与崩塌地质灾害发生最少的区域基本相同，即大云雾山脉以南的茂名市及湛江市各县级。根据上一小节对该区域的分析可知，该区域地势平坦，地貌以平原台地为主，基本不具备发育崩塌、滑坡的地质、地理条件，区域内有大面积基性火山岩和厚度较大第三纪（古近纪+新近纪）、第四纪滨海松散沉积物分布，地质灾害类型以地面沉降和地裂缝为主，胀缩性岩土体的存在和地下水的超量开采是导致该区地质灾害发生的主要因素。

四、粤西泥石流地质灾害影响因素分析

对广东省年鉴及相关资料进行统计,2001—2010年,广东省泥石流地质灾害总计数为83次,崩塌地质灾害总计数为2851次,滑坡地质灾害总计数为2794次,泥石流地质灾害在这3种地质灾害中所占比例为1.4%。而在记录的83次泥石流灾害中,发生在粤西地区的次数为26次,约占广东省泥石流地质灾害总计数的1/3。从比例来看,虽然泥石流地质灾害发生的频率远远低于崩塌地质灾害和滑坡地质灾害,但其暴发具有来势凶猛、冲击力强的特点,当泥石流发生时,大量泥沙、石块和巨砾等固体物质随山洪倾泻而下,往往会给受灾区域带来巨大的损失。前文所提及2010年9月21日的台风"凡亚比",就造成了粤西地区茂名市高州市、茂名市信宜市、阳江市阳春市的部分山区乡镇发生了历史罕见的泥石流,并伴随有崩塌、滑坡地质灾害发生,造成严重的人员伤亡,以及数十亿元的经济损失。

降雨是泥石流地质灾害最大的自然诱发因素,而特定的地貌条件和不合理的人类活动则增加了泥石流地质灾害的发育条件。粤西地区泥石流地质灾害的发生,主要集中于阳江市阳春市、茂名市高州市、茂名市信宜市、云浮市云安区,这几个县级泥石流地质灾害总计数占粤西地区所有泥石流地质灾害次数的80%。根据文献资料中对泥石流地质灾害的记载,泥石流发生的位置多在沟谷或山坡上,而从地貌来看,这几个县级山区丘陵分布广泛,粤西地区最高峰大田顶即位于高州市和信宜市的交界处,区域内火山岩和燕山期花岗岩分布面积广,这些都为泥石流的发生创造了地貌条件;而人类工程活动中的道路建设,山区村民的削坡建房等因素,也促进了泥石流的形成;该区域水系发达,水网密布,包括漠阳江、鉴江及其附属水库张公龙水库、大河水库,以及总蓄水量高达11.5亿m^3的高州水库,区域内降雨强度大,雨量充沛,且阳春市处于粤西多雨中心,受雨季影响,每年4—9月的降雨量占全年降雨量的80%以上,而泥石流地质灾害的发生,与暴雨时段基本一致。因此得知,泥石流地质灾害的主控因素主要是降雨、地貌以及人类工程活动。

通过对粤西地区各县级的崩滑流地质灾害点分布的分析,发现阳江市阳春市不管是在哪一种地质灾害上,都有着极高的危险性。因此,以阳春市为粤西的典型区对崩滑流地质灾害的主控因素进行进一步的具体量化分析。

五、阳春市崩滑流地质灾害影响因素分析

阳春市位于粤西地区的阳江市西北部,东连恩平,南邻阳东、阳西、电白,西靠信宜、高州,北邻云浮、新兴。总面积为4 054.7m^2,人口107.68万人,下设16个镇,336个村委会,5190个自然村。总体来说,阳春市仍是一个落后的山区市,为广东省48个山区县(市)之一。

1. 阳春市地质灾害背景

(1)地质地貌。阳春市四面被起伏不断的山川包围,行政区划近似扁圆形状。漠阳江流

域南北向贯穿全市,形成了山地丘陵环绕阳春盆地,东西南部中低山为主的地形特点。地貌形态在内外地质作用下,受到构造、地层、岩性等地质环境的影响,可分为四大类型,分别为构造侵蚀、侵蚀溶蚀、构造剥蚀、侵蚀堆积。

(2)降雨。阳春市具有明显的亚热带季风气候,受季风的影响特别明显,降雨量丰富。多年平均降雨量为2279mm,但南北平均降雨量差异明显,大体趋势为从西北向东南递增。降雨量的年际变化较大,降雨量最大的月份多集中在4—9月。降雨量最小的月份多集中在10月至次年3月。降雨日数按中部、南部、北部的顺序依次减少。

(3)水文。本区河流除春湾镇东部的平河为新兴江支流和河朗镇北部的围底河(属珠江水系的罗定江支流上游)外,其他均是漠阳江干流及支流,漠阳江在市境内集水面积$100km^2$以上的一级、二级、三级支流有黄村河、那乌河、山口河、西山河、那座河、圭岗河、蟠龙河、罂煲河、潭水河、八甲河、乔连河、三甲河、龙门河、轮水河共14条,全市多年平均径流深为1550mm,径流深变幅为800~1800mm,多年平均径流量为62.2亿m^3,其中浅层地下水为487万m^3/d。水量受大气降雨影响较大,一般春夏季节降雨较多,河流水量充沛,遇暴雨常满溢两岸;秋冬旱季降雨量少,河流水量锐减,河床多暴露。

(4)岩性与地质构造。阳春市的地质构造体系历经多次地质年代构造运动,主要形态为NE向构造,辅以NS向、EW向构造形态。具有显著的空间分布体系,阳春市地质岩性的分布具有非常明显的方向性,与断裂带的走向基本一致,也呈现出NE-SW走向,在两条主要断裂带之间的岩性以碎屑岩为主,而两侧则主要分布碳酸盐岩,并有少量侵入岩和震旦纪变质岩分布。

(5)植被覆盖与土壤侵蚀。阳春市境内植被覆盖率与高程有着密切的关系,植被覆盖率较低的区域基本都分布在高程为200m以下的丘陵、平原地区;同时,这些区域的土壤侵蚀程度也基本在中高度及以上程度。另外,在水系、断裂带、道路等线状地物的两侧,土壤侵蚀程度也较高。

(6)人类工程经济活动特征。随着社会不断的发展,人民生活水平的日益提高,阳春市人类工程经济活动大幅度增加,在地质灾害的形成过程中产生重要的影响因素。矿山的开采开发、工业与民用建房、城市道路交通设施建设、水利水电工程设施建设是其重要的几个表现形式。

①矿山的开采开发。矿山的开采开发引发地质灾害的作用十分显著,自20世纪六七十年代以来,石菉铜矿、阳春硫铁矿、潭潦煤矿等矿山相继投产,由于过度的开发开采,对矿山的地质环境破坏严重,造成崩滑流等地质灾害频发,给人民生命财产带来巨大的损失。20世纪90年代中期,这些矿山相继停产,情况从整体上得以控制,但历史遗留问题需努力解决,更兼近年来新开许多个体矿山,忽视矿山生态、环境保护,产生许多地质灾害隐患。

②工业与民用建房。阳春市地貌多为山地丘陵,人口密度258人/km^2。地形复杂,削坡建房多见,削坡活动催生了大量裸露在外的高陡边坡,由于缺乏相应的保护治理手段,崩塌、滑坡等地质灾害极易发生。位于潭水镇南山工业园的阳春新钢铁有限责任公司,在建厂平整场地时进行了大量的山体开挖,形成为数众多的人工边坡,2009年6月,在持续强降雨的

作用下,该区域发生大规模崩滑群,造成了非常严重的经济损失(图5-7)。

③城市道路交通设施建设。阳春市交通便利,境内铁路、省道公路相互交错,交通以陆路为主,水路为辅。三茂铁路以及公路广高线(S113)、阳闸线(S277)、阳西线(S278)、三马线(S371)、圣贵线(S369)等省道纵横,此外多条县道、村道把各镇及邻县连接成网,交通较为便利;水运主要集中在春城至岗美的漠阳江河段,可达阳江北津港。人工切坡在公路改建、扩建工程项目中较为普遍的应用。随着阳春市交通建设的不断深入加快,由于人工切坡技术的运用,许多新的高陡边坡随之形成,在强降雨等气象灾害发生的季节,由于高陡边坡的不稳定高坡度斜面,在一些危险路段极易形成地质灾害(崩塌、滑坡),这种现象在阳春市省道369线春恩段及众多的新建、改建、扩建的县道、乡道上表现明显(图5-8)。

图5-7 阳春新钢铁厂滑坡地质灾害

图5-8 阳春永宁镇公路滑坡

④水利水电工程设施建设。随着经济的迅速发展,电力的需求越来越大,由此,阳春市兴建了许多水电站,由于片面追求利益最大化,忽略了对地质环境方面的保护,导致大量的开挖淤泥堆积、高陡边坡随处可见,当一定的气象灾害发生时,极易形成崩塌、滑坡、泥石流等地质灾害。

2. 阳春市崩滑流地质灾害的分布

本次统计的阳春市崩滑流地质灾害点共计229个,其中崩塌128个,滑坡91个,泥石流10个。从构造灾害体的岩土及动力成因来看,阳春市以人工动力型土质崩塌、滑坡居多,自然因素造成的泥石流较少。

(1)时间分布特征。

阳春市地质灾害的发生与大气强降雨有密切的联系。从突发性地质灾害发生的时间上来分析,阳春市降雨主要集中在4—9月,崩塌、滑坡和泥石流等突发性地质灾害也主要发生在4—9月,占参与统计地质灾害点的88.2%,由此推断阳春市突发性地质灾害发生时间与灾害性暴雨产生的时间基本吻合。

(2)空间分布特征。

与阳春市地质灾害空间分布关系密切的当属人类工程经济活动强度、降雨量及降雨时间段等,且与地形地貌、工程地质岩组及地质构造有一定的关系。

①地形地貌。阳春市地质灾害多分布在低山、丘陵区,按100m高差将阳春市229个地质灾害点所在空间位置进行分级和统计,得到表5-19,可知93.9%的地质灾害点都分布在高程400m以下的低山、丘陵区域。而中低山区海拔较高、交通不便、无人或少人居住,人类工程活动相对较弱;平原及盆地尽管人口众多,但建房及修建公路都不用开挖边坡,故对原地形地貌改变不大。

表5-19 阳春市地质灾害点计数与高程统计表

高程/m	≤100	101～200	201～300	301～400	>400
地质灾害点计数/个	132	39	20	24	14

②地质岩性与断裂带。阳江市崩滑流地质灾害点在不同岩性区域的分布是碎屑岩区域101处、碳酸盐岩区域59处、侵入岩区域56处、震旦纪变质岩区域13处。而地质灾害点分布密度大的区域也比较集中分布在断裂带、水系等线状要素密集的地方。

③人类社会工程活动。从阳春市人类工程经济活动角度来看,其地质灾害点在采矿区、村庄、交通设施附近及水电水利工程一线分布广泛。随着社会经济的发展,这些地方的人类社会工程活动日益增加,由于缺乏相对完备的预防措施,导致地质灾害频发。

通过分析全市各镇地质灾害点的分布情况,发现地质灾害点主要分布在陂面、马水、永宁、圭岗、三甲等镇,这几个镇的地质灾害点共占全市灾害点总数的81.2%,从全市来看,这些镇也是矿山开采、削坡建房、修建、改建公路等人类工程活动最为剧烈的地方。比如阳春硫铁矿与石菉铜矿就分别位于陂面镇及马水镇。而永宁、圭岗、三甲为山区,人多地少。

通过SPSS软件对阳春市的229个崩滑流地质灾害点分布与高程、植被覆盖度、岩性、土壤侵蚀程度、土地利用类型、坡向、坡度和降雨量8个因子进行相关性分析,得出如表5-20所示的分析结果。

根据表5-20中地质灾害点分布与各影响因素的相关性分析,与阳春市崩滑流地质灾害发生相关性最为显著的3个影响因素分别是高程、岩性和坡度,3个影响因素均表现出显著的相关关系;其次,植被覆盖度、降雨等因素,也与地质灾害的发生有明显的正相关。接下来结合ArcGIS的空间分析功能进行详细分解,找出阳春市崩滑流地质灾害的主控因素和致灾因子。

3. 阳春市地质灾害影响因素分析

地形地貌和岩性与地质构造是地质灾害形成的内在条件,而人类工程活动和强降雨是外在诱发的主要因素。自然因素和人为因素的共同作用导致了阳春市地质灾害的发生,根据前文的分析结果,对阳春市地质灾害影响因素分述如下。

表 5-20 阳春市崩滑流地质灾害点与各影响因素相关性分析统计表

因子	地质灾害点分布	高程	植被覆盖度	岩性	土壤侵蚀程度	土地利用类型	坡向	坡度	降雨量
地质灾害点分布	1	**−0.268****	0.093	**0.134****	−0.037	0.084	−0.064	**−0.254****	0.057
高程	0.268**	1	0.204**	0.075	−0.158*	0.137*	−0.106	0.643**	0.045
植被覆盖度	0.093	0.204**	1	0.121	−0.123	0.182**	−0.044	0.293**	−0.033
岩性	0.084	0.075	0.121	1	−0.075	0.075	−0.075	0.111	−0.023
土壤侵蚀程度	−0.037	−0.158*	−0.123	−0.075	1	−0.029	−0.044	−0.172**	−0.020
土地利用类型	0.134*	0.137*	0.182**	0.075	−0.029	1	−0.075	0.152*	−0.048
坡向	−0.064	−0.106	−0.044	−0.075	−0.044	−0.075	1	−0.068	0.053
坡度	0.254**	0.643**	0.293**	0.111	−0.172**	0.152*	−0.068	1	0.074
降雨量	0.057	0.045	−0.033	−0.023	−0.020	−0.048	0.053	0.074	1

注：①星号的数量表示显著性的高低，即星号越多，相关性的显著性就越高；②黑体是这一行中 3 个绝对值最大的数值，也就是相关性最强的 3 个要素。

(1) 地形地貌。

区内地质灾害多分布在低山丘陵、平原区（表 5-21）。经 ArcGIS 栅格提取功能统计得出，在 229 个灾害点中，分布在高程 100m 以下地区的灾害点共有 132 个，100~400m 共 83 个，而 400m 以上山区所发生崩滑流地质灾害点只有 14 处（表 5-19），可见分布在低山、丘陵、平原区的灾害点占全部地质灾害点数的 93.9%；而通过同样的方法，可以统计出共有 212 个地质灾害点分布在坡度在 25°以下的区域，尤其是 10°以下的区段，灾害点数量占总数的 59.4%（表 5-21）。阳春市这些高程、坡度较小的区段，人口相对更加集中，导致人类工程活动强烈，地质灾害多发。

表 5-21 阳春市地质灾害点计数与坡度统计表

坡度/(°)	0~5	5.1~10	10.1~15	15.1~20	20.1~25	>25
地质灾害点计数/个	89	47	38	22	16	17

(2) 岩性与工程地质岩组

根据表 5-22，阳江市崩滑流地质灾害点在碎屑岩区域分布最为广泛，共有 101 处，其中又以崩塌地质灾害点最多，这类岩性区域中所分布的地质灾害点数量占总数的 44.1%；其次是碳酸盐岩区域，崩滑流地质灾害点的数量占总数的 25.8%，两类岩性区域中地质灾害点总数约占全部的 70%（表 5-22）。

表 5-22　阳江市地质灾害点计数与岩性统计表　　　　　　　　　　　　　单位:个

岩性	崩塌	滑坡	泥石流	总计数
侵入岩	29	25	2	56
碎屑岩	64	34	3	101
碳酸盐岩	28	27	4	59
震旦纪变质岩	7	5	1	13

由于阳春市崩滑流地质灾害的分布与岩性呈现出显著正相关,因此通过与广东省1:60万工程地质岩组图的比对,进行更加细化的分析。经统计发现,阳春市崩滑流地质灾害的分布与工程地质岩组也有一定的关系。根据灾害点的分布数据统计得出,阳春市地质灾害点主要分布于层状强岩溶化较硬碳酸盐岩类岩组(Ⅴ)、块状较硬—坚硬侵入岩组(Ⅵ)和层状较软变质岩组(Ⅱ),分布在这3类岩组里的地质灾害点共占灾害点总数的83.40%(表5-23)。

表 5-23　地质灾害点计数与工程地质岩组特征统计表

工程地质岩组	松散土层	层状较软变质岩组	层状较硬碎屑岩组	层状强岩溶化较硬碳酸盐岩类组	块状较硬—坚硬侵入岩组
地质灾害点计数/个	20	88	18	30	73
所占百分比/%	8.7	38.4	7.9	13.1	31.9

此外,通过对阳春市主要断裂带构建半径为500m、1000m、1500m的缓冲区,经统计得出,在缓冲区内的崩滑流地质灾害点共计40处,约占地质灾害点总数的17.5%,表明断裂带的分布不是阳春市崩滑流地质灾害发生的主要致灾因子。

(3)降雨。

通过分析调查区内已发生的地质灾害点相关数据可以得出,强降雨是本区地质灾害主要的外在诱发因素之一,主要表现在以下两个方面:一是地质灾害的高发期与强降雨的多发期相吻合,每年4—9月是阳春市的雨季,在229个已发地质灾害点中,发生在4—9月的地质灾害点占已发灾害点总数的88.2%(图5-9);二是阳春市降雨量2000~2500mm的地段是地质灾害多发区,发生在这个降雨量段的地质灾害点占已发灾害点数的53.9%(图5-10)。由此可见,降雨与阳春市地质灾害的形成具有密不可分的关系。

(4)人类工程活动。

人类工程活动是本区地质灾害另一个主要诱发因素,随着经济的发展,修(改、扩)建公路、削坡建房、开发矿山、兴建水利水电工程等人类工程活动不可避免地多起来。其中,由矿山开采引发的地质灾害尤为明显。据统计,阳春市由这些人类工程活动所造成的地质灾害点占地质灾害点总数的92.8%。通过对阳春市道路进行500m、1000m、1500m三级缓冲区的建立,计算得出落在缓冲区范围内的灾害点共计149处,占总数的65.1%,其中500m缓

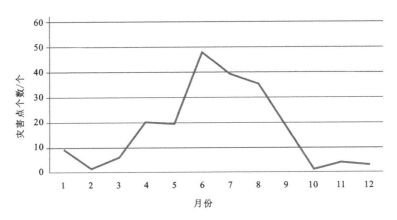

图 5-9 阳春市崩滑流地质灾害点数量与发生时间统计图

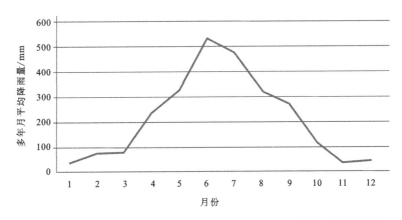

图 5-10 阳春市崩滑流地质灾害点数量与多年月平均降雨量统计图

冲区内 70 处(图 5-11)。由此可见,人类工程活动与阳春市崩滑流地质灾害的形成也有着非常密切的关系。

综上所述,阳春市崩滑流地质灾害从分布区域上看主要集中在春湾、陂面、马水、圭岗、永宁、三甲 5 个镇,规模以小型崩塌、滑坡地质灾害为主。从工程地质岩组分布上看,主要分布在层状较软变质岩组、层状强岩溶化较硬碳酸盐岩类岩组和块状较硬—坚硬侵入岩组 3 类区域内,占灾害总数的 79.9%。

通过对阳江市崩滑流地质灾害各影响因素的相关性分析,结合 ArcGIS 中的栅格计算和缓冲区分析等统计分析,每年 4—9 月降雨量最集中的时间段,高程小于 100m,坡度在 10°以下,与道路距离小于 500m,人口分布集中的区段,最容易发生崩滑流地质灾害。

结合以上分析可总结出,高程、坡度和工程地质岩组是形成崩滑流地质灾害的主控地质环境因素,而降雨及人类工程活动则是形成地质灾害的外在重要致灾因子。

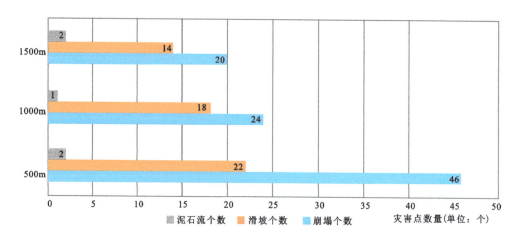

图 5-11 阳春市三级缓冲区与崩滑流地质灾害点分布数量统计图

第四节 粤北崩滑流地质灾害影响因素分析

一、粤北地质灾害背景

粤北地区在地域上是广东省的北部地区,具体包括韶关市、清远市,区域总面积为 3.7 万 km^2,占全省总面积的 20.7%。接下来仍从地质灾害背景的自然因素和社会经济因素两方面对粤北地区进行分析。

1. 自然背景

这里从地形地貌、水系分布、流域、断裂带、地质岩性、降雨量、植被覆盖度和土壤类型几方面进行阐述。

粤北地区山高坡陡,山地丘陵面积广,通过统计,400m 以上山区在粤北地区所占比例为 39.9%,而 200~400m 之间的丘陵在粤北地区也占有 25.1%的比例,也就是说只有 1/3 左右区域是 200m 以下高程。位于清远市阳山县、韶关市乳源瑶族自治县交界处的石坑崆,是广东省第一高峰,海拔 1902m,而韶关市仁化县内的丹霞山则是中国丹霞地貌的代表,也是全球首批世界地质公园,以独特的红色砂砾岩闻名。区域内地质构造复杂,岩性以碳酸盐岩和侵入岩为主,也有部分碎屑岩分布(表 5-24)。受岩性影响,岩体完整性差,且节理裂隙和风化裂隙极为发育,在粤北地区岩性分布中,粤北中部的清远市英德市、阳山县,其岩性大部分为碳酸盐岩,而山区所占面积比例较大的县级如清远市连山壮族瑶族自治县、韶关市新丰县、乳源瑶族自治县,岩性分布中侵入岩和碎屑岩占了很大的比例。与广东省其他地区相似,在粤北山区,高程较高的区域,植被覆盖率也高,而各县级的主城区及清远市英德市、清城区,韶关市曲江区、浈江区,沿北江主流两侧植被覆盖度指数分布较低。

表 5-24 粤北地区岩性分布面积占比

岩性	面积占比/%
侵入岩	32.59
火山岩	0.94
碎屑岩	13.59
碳酸盐岩	51.02
第四纪松散堆积层	0.01
震旦纪变质岩	1.85

对粤北地区的崩滑流地质灾害点进行统计分析,2001—2010年,广东省年鉴及相关资料中所记载的粤北地区崩滑流地质灾害总计数为1355次,其中崩塌地质灾害总计数733次,滑坡地质灾害总计数589次,泥石流地质灾害总计数33次,计算得出区域内崩滑流地质灾害发育密度为37个/$10^3 km^2$。

粤北地区水系发达,在流域上,除东西两翼小部分地区外都属于北江流域。北江是珠江流域的第二大水系,发源于江西省信丰县石碣大茅山,墨江、锦江、武江、滃江、连江、南水、潖江、滨江和绥江等一级支流的集水面积在$1000km^2$以上,这些干流与北江主流几乎遍及粤北地区各个县级。断裂带的分布主要集中在粤北地区的中部,始于韶关市仁化县、南雄市,并呈NE-SW方向延伸穿过清远市英德市、清新区。此外,在韶关市新丰县、清远市阳山县南部、清远市连州市境内,也有NE-SW向断裂带的分布。将断裂带分布图与粤北山区DEM相叠加可以看出,除韶关市南雄市和新丰县之外,断裂带的分布基本不与400m以上山区范围重合。

从气候类型及降雨分布来看,粤北地区地处北江流域,气候受季风影响显著,属于热带季风气候,大气环流随季节变化,夏季盛吹东南风和偏南风,冬季常为北风和偏北风。多年平均降雨量为1877mm,而降雨量较大的区域则集中分布于韶关市武江区以南的清远市清新区、英德市、佛冈县,这4个县级的多年平均降雨量达到2275mm,进一步证实了清远市也是广东省的三大暴雨中心之一。

粤北地区土壤类型的分布复杂,北部县级以红壤、石灰土为主,南部县级以赤红壤、水稻土为主(表5-25)。

2. 社会经济背景

这里从道路分布、土地利用类型和土壤侵蚀程度3个方面进行阐述。

表 5-25 粤北地区土壤类型分布面积占比

土壤类型	面积占比/%
水稻土、沙土	12.63
水稻土、红壤	0.01
水稻土、赤红壤	3.68
水稻土、赤红壤、潮土	0.01
水稻土、赤红壤、紫色土	0.01
火山灰土、沙土	6.28
石灰土、红壤、黄壤	6.97
石灰土、赤红壤、红壤	8.92
砖红壤	15.19
红壤、赤红壤、水稻土	0.01
红壤、黄壤、水稻土、紫色土	6.08
红壤、黄壤、石灰土	5.93
赤红壤	6.14
赤红壤、水稻土	5.78
赤红壤、水稻土、沙土、潮土	5.92
赤红壤、红壤	5.36
黄壤、红壤	6.07
黄壤、红壤、紫色土	5.01

道路交通的建设受到许多影响因素的制约,既要考虑道路施工过程中地质、地理方面的因素,又要考虑人们出行的便利性及交通的可达性。粤北地区山区分布广泛,对道路的选址有着很大的制约,通过对粤北地区铁路、高速公路分布图与粤北山区 DEM 的叠加,可以看出高速公路和铁路的分布基本都会避开高程在 400m 以上的山区,这就间接使得京广铁路、京珠高速这两条主要交通干线的分布都是沿北江主流两侧南北延伸,在一定程度上增大了道路所经过区域发生崩滑流地质灾害的可能性。同样是受山区分布的影响,粤北地区高程在 200m 以上的山地及丘陵地区,土地利用类型大部分都属于林地,而其他区域则以农用地为主(表 5-26)。

从粤北地区道路、水系的分布与土壤侵蚀程度分布叠加来看,不难发现,粤北地区土壤侵蚀程度处于中重度及极度侵蚀的区域,基本上都沿着道路和水系的分布而发育,对崩滑流地质灾害的发生起到了一定的促进作用(表 5-27)。

表 5-26 粤北地区土地利用类型分布面积占比

土地利用类型	面积占比/%
林地	54.73
草地	30.49
农用地	12.71
水体	0.94
城市用地	1.12
裸地及低植被覆盖地	0.01

二、粤北崩塌地质灾害影响因素分析

粤北包括韶关市和清远市，山区所占比例非常大，当岩体内应力由于自然或人为的因素发生变化时，就会导致整体或局部的岩体发生快速的下滑运动，造成崩塌。崩塌地质灾害一旦发生，会给山区的交通、水利等基础设施带来非常大的危害，且其发生具有突发性，带来的危害不容忽视。

通过统计制作，得出粤北地区地质灾害分布表，粤北地区 2001—2010 年发生崩塌地质灾害在 45~189 次之间的县级共有 7 个，分别是韶关市新丰县，崩塌地质灾害总计数 189 次，韶关市仁化县、南雄市、翁源县，清远市英德市、清新区、连南瑶族自治县，崩塌地质灾害总计数在 45~66 次之间。崩塌地质灾害总计数最少的县级是韶关市武江区、浈江区，清远市清城区、连州市，这些县级的崩塌地质灾害总计数均在 4 次以下（表 5-28）。

首先对粤北地区崩塌地质灾害发生次数较多的区域进行分析：韶关市新丰县地处粤北与粤东交界处，西邻河源市东源县，县级内山区所占比例大，400m 以上高程的山区所占比例达 60%，属东江秋香江口以上流域，新丰江自东向西流经县内，同时，沿 NE-SW 向有一条主要断裂带和 G45 高速贯穿新丰县境内；分布的主要岩性有两种，西南部地区为侵入岩，东北部为碳酸盐岩；土地利用类型多为林地和草地，土壤类型为赤红壤和红壤，土壤侵蚀的程度大部分为低度侵蚀，但沿线状要素两侧以及山区低植被覆盖区有少量区域是中高度及以上侵蚀程度。崩塌地质灾害发生次数在 45~66 次之间的县级，其境内高程 200m 以上的丘陵和山区所占比例仍较大，且县级内断裂带、水系、道路密度都比较大。其中，清远市英德市、清新区、连南瑶族自治县和韶关市翁源县同属北江大坑口以下流域，北江主流及其干流滨江、连江和翁江纵横流经几个县级，且京广铁路、京珠高速等交通干线贯穿全境，同时有数条 NE-SW 向断裂带分布，区域内的岩性以碳酸盐岩为主，山区植被覆盖率较高，土地利用类型以林地和草地为主。受地形等因素影响，该区域位于夏季暖湿气流的迎风坡，属粤北地区的多雨中心，多年平均降雨量达到 2200mm，每年的 4—7 月是降雨集中期，如遇到暴雨等天气，必定增加该区域内发生崩塌等地质灾害的可能性。韶关市的仁化县、南雄市，地处北

表5-27 粤北地区各影响因素数值统计

所属地市	所属县区	最大相对高差/m	多年平均降水量/mm	最大24h点雨量均值/mm	最大3d点雨量/mm	火山和石英质碎屑岩面积比/%	砂砾质碎屑岩面积比/%	页泥质碎屑岩面积比/%	石灰质碎屑岩面积比/%	断裂带分布密度/(m·km^{-2})	建成区面积比/%	水系密度/(m·km^{-2})	道路密度/(km·km^{-2})
清远市	英德市	1500	1900	150	300	9.71	0.00	0.00	90.29	10.88	4.78	13.10	87.61
清远市	阳山县	1750	1600	110	500	19.64	29.74	0.00	50.62	5.75	3.76	7.01	60.29
清远市	连南瑶族自治县	1557	1600	105	100	21.32	0.00	0.00	78.68	2.32	0.64	0.21	61.83
清远市	连山壮族瑶族自治县	1537	1700	115	150	73.54	26.46	0.00	0.00	0.00	2.03	5.47	69.79
清远市	连州市	1686	1500	100	100	23.52	37.22	0.00	39.26	8.84	1.62	12.88	68.01
清远市	清新区	1183	2500	170	500	33.24	6.50	0.00	60.27	10.31	6.22	12.58	68.79
清远市	清城区	741	2400	170	500	45.51	54.49	0.00	(0.00)	0.00	21.50	12.68	106.81
清远市	佛冈县	1182	2300	165	200	96.52	0.00	0.00	3.48	0.00	4.72	0.00	70.73
韶关市	乳源瑶族自治县	1878	1600	110	200	28.83	9.57	0.00	61.61	3.59	3.13	19.61	64.20
韶关市	曲江区	1500	1550	110	100	49.89	0.00	0.00	50.11	2.65	20.73	8.48	92.81
韶关市	乐昌市	1687	1500	100	200	19.63	19.81	0.00	60.57	5.76	3.33	13.79	87.79
韶关市	新丰县	1304	1800	130	200	59.56	0.00	0.00	40.44	12.84	2.41	10.87	75.69
韶关市	仁化县	1488	1600	110	150	42.99	32.14	0.00	24.87	5.36	4.96	16.79	68.44
韶关市	始兴县	1333	1600	110	150	60.19	35.57	0.00	4.24	9.88	2.91	17.04	65.34
韶关市	南雄市	1275	1550	100	100	55.66	44.34	0.00	0.00	0.00	3.76	15.15	70.32
韶关市	武江区	1250	1500	110	200	25.05	0.00	0.00	74.95	1.84	11.25	11.36	83.62
韶关市	翁源县	1137	1700	120	200	19.87	0.00	0.00	80.13	9.30	7.30	12.58	80.02
韶关市	浈江区	498	1500	110	200	0.00	9.27	0.00	90.73	9.30	24.91	26.23	123.19

部山区,仁化县境内断裂带、水系、道路等线状地理要素分布较为集中且密度较高,岩性主要是侵入岩和碎屑岩,植被覆盖率较高;而南雄市的地势为南北高、中间低,北江的支流浈江从西南方向向东北延伸,穿过南雄市整个县级,浈江两侧地区植被覆盖率较低,而土壤侵蚀程度则较高。

崩塌地质灾害发生次数最少的区域,主要是韶关市和清远市的城区,包括韶关市浈江区、武江区和清远市清城区,其共同特点是人口分布集中,山区分布少,因此植被覆盖率较低,这些区域的土壤侵蚀程度也多为轻中度以上,土地利用类型多为草地和农用地。

表5-28 粤西地区崩滑流地质灾害点计数分布统计表

所属地市	行政区名称	行政区面积/m²	崩塌地质灾害点计数/个	滑坡地质灾害点计数/个	泥石流地质灾害点计数/个	总数/个	风险区划分
清远市	连州市	2 568 038 234.80	4	13	0	17	中度风险区
清远市	连南瑶族自治县	1 251 424 058.47	56	68	3	127	中度风险区
清远市	连山壮族瑶族自治县	1 064 552 761.87	13	56	1	70	中度风险区
清远市	阳山县	3 291 300 419.92	27	30	1	58	中度风险区
清远市	清新区	2 734 968 187.50	63	89	3	155	中度风险区
清远市	清城区	888 380 142.95	1	4	0	5	中度风险区
清远市	英德市	5 596 824 126.39	66	85	1	152	高度风险区
清远市	佛冈县	1 357 912 111.43	31	26	0	57	轻度风险区
韶关市	乐昌市	2 246 780 385.33	8	54	2	64	中度风险区
韶关市	仁化县	2 185 200 936.37	55	20	4	79	中度风险区
韶关市	乳源瑶族自治县	2 261 096 544.76	10	25	1	36	中度风险区
韶关市	武江区	514 881 785.89	1	8	0	9	轻度风险区
韶关市	始兴县	2 125 436 048.04	43	2	3	48	轻度风险区
韶关市	翁源县	2 174 672 598.51	59	37	7	103	轻度风险区
韶关市	新丰县	1 978 993 393.47	189	16	3	208	中度风险区
韶关市	南雄市	2 233 416 338.73	60	9	2	71	轻度风险区
韶关市	浈江区	522 254 444.54	2	4	0	6	中度风险区
韶关市	曲江区	1 844 059 673.65	45	43	0	88	中度风险区

三、粤北滑坡地质灾害影响因素分析

粤北地区滑坡地质灾害点计数最多的区域有清远市英德市、清新区、连南瑶族自治县、连山壮族瑶族自治县和韶关市乐昌市,其中每个县级十年间发生滑坡地质灾害的次数都在54~89次之间。滑坡地质灾害发生次数最少的区域,主要有韶关市浈江区、武江区、南雄市、始兴县以及清远市清城区。

清远市英德市、清新区位于粤北中部丘陵地区,两个县级2001—2010年共发生滑坡地质灾害174次,占粤北地区滑坡地质灾害总数的30%。英德市面积$5672km^2$,是广东省内面积最大的县级行政单元。清新区位于英德市西南,与英德市同为珠江三角洲向粤北山区的过渡地带。该区域内高程在400m以上的山区分布较少,且分布较为分散,位于清新区龙颈镇和浸潭镇之间的平坑顶,是区域内海拔最高点,高程1181m,总体来看高程在400m以上的山区基本分布在区域的四周,且具有西北高东南低的特点,使得整个区域形成一个山地环绕并呈NW-SE方向倾斜的盆地。英德市与清新区的地貌类型以岩溶地貌和流水地貌为主,区域内的岩性分布中,碳酸盐岩占了区域总面积的80%,而在东北部地区有少量侵入岩、碎屑岩分布,土壤类型则以砖红壤、水稻土为主;区域内对地质灾害有影响的线状地理要素分布广,境内水系发达,北江主流自北向南流经英德市全境,北江干流连江、滃江、滨江三大过境支流及其众多支流在区域内密集分布,京广铁路、京珠高速沿北江两侧延伸,另有G78、G4高速和106、107国道等交通干线贯穿整个区域,该区域还是清远市境内断裂带分布长度最大的区域,断层走向以NE-SW为主,总长度超过300km。综合粤北地区植被覆盖分布图、粤北地区土地类型分布图和土壤侵蚀程度分布图进行分析,受山区分布及地形影响,区域内的土地利用类型以林地、草地、农用地为主,这3种土地利用类型的面积占据区域总面积的97.6%,其中高程200m以上的区域多为林地,植被覆盖率较高,土壤侵蚀程度多为轻低度侵蚀,这类区域的面积约占整个区域的46.3%;高程200m以下的地区,土地利用类型多为草地和农用地,面积占比是51.3%,其植被覆盖率较前者较低,土壤侵蚀程度部分为重度侵蚀或极度侵蚀,而前文中所讨论的水系、道路、断裂带等线状地理要素也大多数分布在此区域内。与此同时,清远市是广东省三大暴雨中心之一,而英德市、清新区的多年平均降雨量则处于清远市各县级的前列,达到2200mm,根据前文分析,可知降雨对滑坡有极大的诱发作用,这些因素综合起来,使得该区域成为粤北地区滑坡地质灾害高发区。

韶关市乐昌市、清远市连南瑶族自治县和连山壮族瑶族自治县均位于粤北北部及西北部山区,区域内岩性复杂,碳酸盐岩、碎屑岩和侵入岩均有分布,多年平均降雨量1600mm。高程在400m以上的山地占据了县级面积的60%以上,且大部分都是坡度25°以上的陡坡,这些区域植被覆盖率高,土地利用类型多为林地,土壤侵蚀程度多为低度侵蚀;高程在400m以下的丘陵区域,植被覆盖率较低,土地利用类型多为草地和农用地,土壤侵蚀程度在高度侵蚀及以上的区域远远高于山区高植被覆盖区。此外,受地质岩性等自然因素影响,位于南岭山脉以南的韶关市乐昌市,地貌以岩溶地貌和流水地貌为主,土壤类型主要是红壤和黄壤,主要水系武江、京珠高速公路、京广铁路等线状地理要素分布集中,再加上气温日较差和年较差均较大,导致灾害性天气多,这些因素都对滑坡的发生发育有着极大的影响。2006年7月14—18日,广东省全省受第0604号强热带风暴"碧利斯"的影响,在外围环流和西南季风的共同作用下普降暴雨,尤其以粤北、粤东和珠三角地区最为严重,此次降雨雨量大、时间长,使得北江干流武江出现超800年一遇的历史实测最大洪水,其中属北江大坑口以上流域的乐昌市乐昌水文站测得最大洪峰水位93.96m,超过警戒水位6.76m,整个乐昌市区及各乡镇均出现洪涝灾害,其中乐昌市两江镇长塘村委会先溪头村后山发生山体滑坡群,同时伴随多起山体崩塌及泥石流等地质灾害,这次强降雨给乐昌市造成28人死亡、30人失踪、直接经济损失5.1亿元。

清远市连山壮族瑶族自治县、连南瑶族自治县境内,高程200m以上的丘陵山地覆盖了县级面积的90%以上,大雾山、起微山等山脉沿南北方向延伸,其中海拔为1659.3m的大雾山是县级内的最高山峰,地质岩性以花岗岩为主体,其中南北两侧以侵入岩分布为主,区域中部以碎屑岩和碳酸盐岩为主。该区域内的土壤类型仍以花岗岩风化而成的山地红壤和山地黄壤为主,境内的主要线状地理要素包括连南瑶族自治县南部一条南北方向的一般断裂带、北江干流连江、两县连接处的G55高速公路和323国道等。据统计,2001—2010年间,连山壮族瑶族自治县和连南瑶族自治县两个县级共发生滑坡地质灾害124次,占粤北地区滑坡地质灾害总数的21%,而其中大部分是由于强降雨导致,如2008年5月下旬至6月下旬,广东省出现1950年后最严重的"龙舟水",在这期间,广东省的平均降雨量超过往年一倍,达到626mm,北江流域乐昌水文站测得最高水位91.12m,仅次于2006年受强热带风暴"碧利斯"影响的93.96m,受此影响,连山壮族瑶族自治县、连南瑶族自治县境内均发生中小型滑坡及滑坡群,并造成1人死亡,数百万经济损失的严重后果。另外,人为因素与降雨等自然因素结合在一起,也会促进滑坡地质灾害的发生,如2004年5月22日,清远市连山壮族瑶族自治县境内323国道由于道路的施工改造、开挖边坡,加上连日多雨的天气,诱发了公路两侧山体滑坡,导致交通中断一个星期,同时造成了约500万元的经济损失。

四、粤北泥石流地质灾害影响因素分析

2001—2010年粤北地区有泥石流地质灾害发生记录的县级,主要有韶关市翁源县、乐昌市、南雄市、仁化县、始兴县、新丰县,以及清远市英德市、清新区、连南瑶族自治县、阳山县、连山壮族瑶族自治县等。这些县级十年间发生泥石流地质灾害的总计数是33次,约占粤北地区崩滑流地质灾害总计数的2.4%(表5-28)。虽然从比例上来看,泥石流地质灾害的发生次数是崩滑流3种地质灾害中最少的,但是由于其通常会伴随崩塌、滑坡地质灾害发生,因此仍具备极大的危害性。粤北地区发生的泥石流地质灾害,多以中型和小型泥石流为主,如2008年6月26—27日期间,受第0806号强台风"风神"影响,翁源县周陂镇磜下片陈村一村小组发生中型泥石流,造成7.5万元的经济损失;再如前文所列举的第0604号强热带风暴"碧利斯"的例子中,乐昌市同时发生崩滑流地质灾害数十起,其中有两起就是泥石流

地质灾害,也造成近百万元的经济损失。

从泥石流地质灾害发生的总量来看,粤北地区清远市的泥石流地质灾害总计数高于韶关市,这是因为韶关市虽然山区所占比例大,山势高峻,地形切割强烈,但其岩石风化层与清远市相比较薄且结构紧密,因此泥石流地质灾害相对较少。同时,除了特定的地貌条件和不合理的人类活动这两个泥石流地质灾害发育的条件之外,降雨仍是泥石流地质灾害发生的主要诱发因素,清远市多年平均降雨量高达2000mm,促使了该区域泥石流地质灾害的发生。

综合以上对粤北地区崩滑流地质灾害的分别分析,清远市在崩滑流3种地质灾害上的发生都更为多见,因此选择清远市中区域面积最大,同时也是广东省面积最大的县级行政单位英德市作为研究对象,在下一小节中进行进一步的分析。

五、英德市崩滑流地质灾害影响因素分析

英德市是广东省48个山区县之一,隶属于清远市,总面积5671km^2,内辖24个镇,下设389个建制村,6115个自然村,市政府驻英城镇。市境东邻翁源、新丰,南接佛冈、清远,西毗阳山,北接乳源、曲江等县。

1. 英德市地质灾害背景

(1)地形地貌。

英德市地形复杂,有中山、低山、丘陵、河谷平原、峰丛洼地和岩溶盆地等地貌类型。总体地形为两个骨架山脉、3个盆地分布其间,山脉主要为SN走向,境内全貌层峦起伏、纵横交错,属以低中山-高丘为主的山区。地貌形态与构造、地层、岩石等有关,是内外动力地质作用的结果,按成因类型可分为构造侵蚀、构造剥蚀、侵蚀溶蚀、侵蚀堆积4种成因类型。英德市北依南岭,南连低山丘陵,东临九连山,西接英阳岩溶山区。总的地势:北高南低,中间为盆地,丘陵和平原广布测区。全区以低山、丘陵为主,分别占总面积的52.6%和7.8%,盆地和岩溶谷地出露面积占39.6%。黄思脑山脉分布于中北部,标高800~1500m,山体呈EW走向,西端转向延伸,长约50km,高耸挺拔的千米以上山峰30余座,主峰船底顶(海拔1586.6m),为英德市最高点。雪山嶂山脉,呈NNE向穿过测区腹部,长约60km,山脊北高南偏低,高程800~1200m,最高点雪山嶂(海拔1379.2m);南端被翁江和北江纵横深切形成翁江峡和盲子峡。

(2)气象。

英德市地处亚热带地区,属南亚热带季风气候,四季温和,雨量充沛,夏长冬短。全市多年平均降雨量1982.4mm,具年际变化大的特点,年最大降雨量为2622mm,最小为1138mm,降雨量年内分布不均,多集中在4月、5月、6月这3个月,占全年的51%,容易形成洪涝灾害。4—9月降雨量占全年的78%,为雨季,秋季常常出现干旱。10月至次年3月降雨量占全年的22%,为枯水期。因本区地势高低变化悬殊、植被覆盖差异大,导致降雨量在

各地的分布不均匀,横亘西北部的中山地形,北阻寒冷干燥偏北风,迎来温暖、湿润偏南风,因此降雨多,季风雨及地形雨续接和叠加,成为广东省内三大降雨中心之一。每年7—9月间受台风及热带风暴气候影响常产生大雨、暴雨灾害性降雨。

(3)水文。

英德市属于珠江水系,主要河流有北江及其支流翁江和连江,具有流程长,流域面积大及汛期涨落迅速等特点。根据主要河流多年水文资料分析,英德市年平均流量376亿 m^3,年平均流深1052mm,径流模数27.2~39.0L/(s·km^2),径流系数51.3%;河流流量变化与降雨量基本一致,主要河段的流量峰值比降雨量峰值滞后约一个月,即降雨最多发生在每年5月,而最大流量则在每年6月,后汛期出现在每年7—8月,强降雨主要受热带风暴影响产生,水量受大气降雨影响较大,一般春夏季节降雨较多,河流水量充沛,遇暴雨常满溢沿江两岸,给两岸人民的生命财产造成巨大的损失;秋冬旱季降雨量少,河流水量锐减,河漫滩多有暴露。

(4)岩性与地质构造。

根据1∶100万广东省大地构造图,英德市位于湘粤坳褶束(三级)中粤北凹褶束(四级)与粤中坳褶束(三级)中连龙凹褶束(四级)的交接处。印支运动的发生,在该区形成一系列NE向及NW向褶皱群,受华夏系断裂带作用相对扭动,导致燕山期岩浆入侵,并伴有混合岩化,同时产生了大量的正断层和逆断层,构造形迹的方向有NW向的上村断裂、磅脚村断裂;NE向的官坪断裂、红群岭断裂及SN向围仔断裂、下脚石断裂等。英德市的地质岩性以碳酸盐岩为主,占区域总面积的89.1%。英德市南部区域有少量侵入岩和震旦纪变质岩分布。

(5)植被覆盖与土壤侵蚀。

英德市境内植被覆盖率较高的区域,主要是在高程200m以上的丘陵、山区,而200m以下的丘陵、平原地区植被覆盖率较低;而在这些地区线状地物分布密集的区域,尤其是道路交通等线状地物两侧,土壤侵蚀程度也基本在中高度及以上程度。

(6)人类工程经济活动特征。

随着社会经济迅猛发展,人类生活水平的不断提高,人类工程经济活动也在大幅增加,主要表现为道路交通设施的建设、矿山的开发开采、民用宅基地等房屋的切坡建房、开山挖石等。

①矿山开采。英德市矿山开采引发地质灾害的作用非常明显,自20世纪五六十年代以来,马口、工村、锦潭硫铁矿、桥头煤矿、八宝山钨矿等矿山相继投产,长时间以来,由于过度的开发开采,对矿山的地质环境破坏严重,造成崩滑流等地质灾害频发,给人民生命财产带来巨大的损失。20世纪90年代后期,这些矿山相继停产,致灾情况从整体上得以有效控制,但历史遗留问题仍存在隐患,加上近年来新开许多个体矿山,过度追求经济效益,忽视地质环境、矿山生态环境保护,也产生了许多地质灾害隐患。

②工业与民用建房。英德市地貌多为山地丘陵,人口密度258人/km^2。地形复杂多变,削坡建房多见,人工削坡催生了大量裸露在外的高陡边坡,由于缺乏相应的保护治理手段,

在一定的气象灾害影响下,崩塌、滑坡等地质灾害极易发生。由此可见,削坡建房是造成本区地质灾害的主要因素之一。

③道路交通建设。英德市交通便利,境内铁路、省道公路相互交错,测区交通以陆路为主,水路为辅。京广铁路、京珠高速公路自北向南贯穿本市,境内通车里程87km,国道106线、省道 S347、S348、S252 线等多条公路连成网状,全市各区(镇)均有公路通达。内河通航有北江、连江、翁江,通航里程达 512km。人工切坡在公路改建、扩建工程项目中有较为普遍的应用。由于人工切坡技术的运用,许多新的高陡边坡随之形成,在强降雨等气象灾害发生的季节,由于高陡边坡的不稳定高坡度斜面在一些危险路段极易形成地质灾害,这在省道英佛一级公路及众多的新建、改建、扩建的市(县)道、乡道上表现更为明显。

④水利水电工程设施建设。随着经济的迅速发展,对电力的需求越来越大,由此,英德市近年来兴建了许多小水电站,在建设过程中,不可避免由切坡形成人工边坡和大量松散遗弃土体,建成后,复绿工作及护坡措施又常常不到位,由此造成的崩塌、滑坡、泥石流时有发生。

2. 英德市地质灾害分布

根据资料统计,英德市已发生且稳定性差的崩滑流地质灾害共有45处,其中崩塌14处,滑坡27处,泥石流4处,多以中小型为主。从构成灾害体的岩土及动力成因来看,英德市以人为因素造成的土质斜坡诱发的崩塌居多,其次为人为土质滑坡,而由于自然因素引发的地质灾害点数量相对较少。

(1)时间分布特征。

英德市地质灾害的发生与大气强降雨有密切的联系。从突发性地质灾害发生的时间上来分析,英德市降雨主要集中在每年3—9月,崩塌、滑坡和泥石流等突发性地质灾害主要发生在每年5—7月,占地质灾害点数的74.22%,可见崩塌、滑坡等突发性地质灾害发生时间与灾害性暴雨产生的时间基本同步,且具集中并发的致灾特点。

(2)空间分布特征。

这里从地形地貌、岩性与地质构造、人类工程经济活动强度和降雨量几个方面进行统计。

①地形地貌。根据 ArcGIS 中的栅格统计功能得出,英德市地质灾害多分布在中低山、丘陵区。中山区海拔较高,交通不便、无人或少人居住,人类工程活动相对较弱;但可溶岩峰丛峡谷地区,灰岩裸露,形成了多种多样的岩溶地貌景观,峰丛林立,河谷深切割,两侧高差150~300m;平原及盆地尽管人口众多,但建房及修建公路几乎不用削坡拓宽地基,故对原地形地貌改变不大,对地质环境影响较小,致灾可能性小。

②岩性与地质构造。从岩性上看,英德市的崩滑流地质灾害点主要分布于碳酸盐岩区域,其地质灾害点共占灾害点总数的75.1%。而由于断裂构造切割和破坏,在沟谷或山间盆地边缘常发育有状如刀切的悬崖峭壁,长期裸露于地表和表层岩层本身所具有的可溶性,常见悬崖上凸下凹或崖顶竖立数米至数十米独立小岩峰,奇险无比,这些地段遇雷暴震动或久

旱后遇大-暴雨雨水冲刷,悬崖、小岩峰受其自身重力和失衡共同作用,岩块将快速向下坠落或从坡地滚下,体积0.35~5m³不等,严重威胁着坡脚谷地居民生命和财产安全。

③人类社会工程活动。从英德市人类工程经济活动角度来看,其地质灾害点在采矿区、村庄、交通设施附近及水电水利工程一线分布广泛。随着社会经济的发展,这些地方人类社会工程活动日益增加,由于缺乏相对完备的预防措施,导致地质灾害频发。

④降雨量。降雨量1900~2200mm的地段是地质灾害多发地段。从已发地质灾害点的灾害点统计资料可知,在这个降雨量地段发生的灾害点占本区地质灾害点总数的87.4%,符合降雨与强降雨是本区地质灾害致灾因素的理论结果。

通过SPSS统计软件对英德市45个崩滑流地质灾害点分布与高程、植被覆盖度、岩性、土壤侵蚀程度、土地利用类型、坡向、坡度和降雨量8个因子进行相关性分析,得出如表5-29所示的分析结果。

表5-29 英德市崩滑流地质灾害点与各影响因素相关性分析统计表

因子	地质灾害点分布	高程	植被覆盖度	岩性	土壤侵蚀程度	土地利用类型	坡向	坡度	降雨量
地质灾害点分布	1	**−0.139****	−0.018	0.013	**0.078***	−0.042	−0.013	**−0.198****	0.020
高程	0.139	1	0.170	−0.176	−0.382**	−0.392**	−0.054	0.549**	−0.023
植被覆盖度	−0.018	0.170	1	0.311*	−0.333*	−0.597**	0.048	0.439**	0.266
岩性	0.013	−0.176	0.311*	1	−0.217	−0.138	−0.138	−0.007	0.189
土壤侵蚀程度	0.078	−0.382**	−0.333*	−0.217	1	0.232	−0.075	−0.183	0.061
土地利用类型	−0.042	−0.392**	−0.597**	−0.138	0.232	1	−0.009	−0.490**	−0.229
坡向	−0.013	−0.054	0.048	−0.138	−0.075	−0.009	1	0.068	0.123
坡度	0.198	0.549**	0.439**	−0.007	−0.183	−0.490**	0.068	1	0.131
降雨量	0.020	−0.023	0.266	0.189	0.061	−0.229	0.123	0.131	1

注:①星号的数量表示显著性的高低,即星号越多,相关性的显著性就越高;②黑体是这一行中3个绝对值最大的数值,也就是相关性最强的3个要素。

从表5-29中可以得出,与英德市崩滑流地质灾害点分布相关性最为显著的3个影响因素分别是高程、土壤侵蚀程度和坡度,表现出显著的正相关关系。采用同样的空间分析方法,对英德市崩滑流地质灾害的主控因素和致灾因子进行分析。

3. 英德市地质灾害影响因素分析

根据以上统计,对英德市的地形地貌因素、地质环境因素、外在诱发因素(降雨)、人为因素进行分析如下。

(1)地形地貌因素。

区内地质灾害主要分布在低山丘陵、平原区,统计资料结果显示,45个崩滑流地质灾害点均分布在高程400m以下的丘陵山地,其中分布在高程100m以下的丘陵、平原区的地质灾害点占地质灾害点总数的51.1%,高程200m以下的地质灾害点占总数的88.9%(表5-30);对坡度影响因子进行统计,75.6%的灾害点分布在坡度15°以下的区域(表5-31)。根据以上统计结果,结合表5-32可知,这些地质灾害高发区段的地貌类型多属于山地丘陵及岩溶盆地,而这些区域必定是人口相对集中,人类工程活动强烈的地区,因此地质灾害多发。

表5-30 英德市地质灾害点计数与高程统计表

高程/m	≤100	101~200	201~300	301~400
地质灾害点计数/个	23	17	3	2

表5-31 英德市地质灾害点计数与坡度统计表

坡度/(°)	0~5	5.1~10	10.1~15	15.1~20	20.1~25	>25
地质灾害点计数/个	12	11	11	3	6	2

表5-32 地质灾害与地貌类型特征统计表

地貌类型	低中山地形	低山地形	丘陵地形	岩溶盆地	低山峰丛	河谷平原
地质灾害点所占百分比/%	0.49	25.62	31.53	13.79	12.32	16.25

(2)地质环境因素。

根据英德市工程地质岩组及英德市岩性分布对崩滑流地质灾害点的分布进行分析可知,英德市崩滑流地质灾害点主要分布在碳酸盐岩区域中,占灾害点总数的75.1%,这是由于在这类区域中,岩溶地貌极其发育,工程岩组以层状较软变质岩组、块状较硬-坚硬侵入岩组、层状强岩溶化硬碳酸盐岩类岩组为主(表5-33),容易发生风化和侵蚀,导致崩滑流地质灾害的发生。同时,通过对英德市主要断裂带进行500m、1000m、1500m三级缓冲区的建立,发现有9个崩滑流地质灾害点坐落在断裂带的缓冲区内,占灾害点总量的20%。说明地质岩性及工程地质岩组是英德市崩滑流地质灾害的重要影响因素。

表5-33 地质灾害与工程地质岩组特征统计表

工程地质岩组类型	砂、砾石、黏土双层土体	层状较软红层岩组	层状较软变质岩组	层状较硬碎屑岩组	层状强岩溶化硬碳酸盐岩类岩组	块状较硬-坚硬侵入岩组
地质灾害点所占百分比/%	13.79	0.98	32.03	23.15	13.79	16.26

(3)外在诱发因素(降雨)。

通过分析调查区内已发生的地质灾害点相关数据可以得出,强降雨是本区地质灾害主要的外在诱发因素之一,主要表现在以下两个方面:一是地质灾害高发期与强降雨的多发期相吻合,每年3—9月是英德市的雨季,3—9月时有大雨-暴雨灾害性天气出现,而在45个已发的崩滑流地质灾害点统计,发生在5—7月的地质灾害点占已发地质灾害点总数的74.22%,雨季是本区地质灾害高发期;二是英德市降雨量为1900~2300mm的区域,也是地质灾害多发区,在45个已发地质灾害建卡点中,发生在这个降雨量段的地质灾害点占已发地质灾害点数的87.4%。统计的结果有随降雨的增加,地质灾害发生率也增加的正相关关系。如2010年6月15日,英德市西牛镇遭遇特大暴雨,诱发起山体滑坡(图5-12、图5-13)。由此可见,降雨、强降雨与英德市地质灾害的形成具有密不可分的关系。

图5-12 暴雨引发滑坡

图5-13 公路滑坡

(4)人为因素。

对上述的地质灾害时空分布特征归纳总结可知,人类工程活动是本区地质灾害另一个主要诱发因素,随着经济的发展,修建公路、削坡建房、开发矿山、兴建水利水电工程等人类工程活动不可避免地多起来。其中,矿山开采引发的地质灾害尤为明显。同时,对英德市的铁路、高速公路等主要交通干线进行半径500m、1000m、1500m的缓冲区分析得出,有31个崩滑流地质灾害点落在缓冲区内,占灾害点总数的68.9%,其中在500m缓冲区范围内的有13处。据资料统计,英德市由人类工程活动所造成的地质灾害点占地质灾害点总数的75.8%,受岩块滚落或坠落灾害威胁的自然村有20余个,鉴于滚石灾害的隐蔽性和不可察性,村民居住分散的特点,建议受此灾害威胁的居民点防灾以避让为宜。由此可见,人类工程活动与地质灾害的形成关系密切,是地质灾害发生的主要诱发因素。

综上所述,坡度、高程、土壤侵蚀程度是英德市形成崩滑流地质灾害的主控因素,而岩性、工程岩组类型、降雨及人类工程活动则是形成地质灾害的重要致灾因子。在每年降雨量最为集中的5—7月,高程小于200m,坡度小于15°,土壤侵蚀程度较高的丘陵低山和岩溶盆地区,最容易发生崩滑流地质灾害。

第六章 广东省崩滑流地质灾害空间数据库管理与风险性评价系统的设计与实现

本章基于ArcGIS 10.2地理信息系统软件平台,并与大型关系型数据库管理信息系统Oracle相结合,对广东省崩滑流地质灾害空间数据库进行设计与建立,并在服务导向架构(service-oriented architecture,SOA)技术体系下进行组件式开发,采用JAVA EE编写代码,实现了广东省崩滑流地质灾害空间数据库管理与风险性评价系统,对地质灾害的空间数据和属性数据进行管理。具体包括以下几点。

(1)明确广东省崩滑流地质灾害空间数据库管理与风险性评价系统的建设目标和任务,以及数据库的建设要求,做好系统的总体设计和详细设计,进行软硬件的部署以及开发平台的选择等。

(2)建立起广东省崩滑流地质灾害空间数据库和属性数据库。根据数据库的总体框架进行数据库地理基础的选择、分类和编码原则的确定、数据结构的设计和数据库的建立。建立起的空间数据库主要包括4个部分,即广东省县级崩滑流地质灾害空间数据库、粤东崩滑流地质灾害影响因素空间数据库、粤西崩滑流地质灾害影响因素空间数据库和粤北崩滑流地质灾害影响因素空间数据库,通过设计统一的属性编码与属性数据库相连接。

(3)在SOA技术架构体系的支持下采用JAVA EE,结合ArcObjects进行组件式开发,实现了广东省崩滑流地质灾害管理与风险性评价系统的建立,系统功能既包括空间数据和属性数据的管理,也包括对崩滑流地质灾害点数据的空间分析,为地质灾害管理相关部门决策提供真实、准确、实时的数据支持。

第一节 地质灾害空间数据库管理系统概述

广东省位于我国最南端,山脉众多,海域面积广阔,降水充沛,是我国海岸线最长的省份。广东省从北至南依次为亚热带季风气候和热带季风气候,地质灾害类型以崩滑流为主,其发生具有极大的不稳定性和难以确定性,对防治工作提出了严峻挑战,尤其是在每年汛期应对台风、暴雨、短时强降雨、连阴雨以及日常的防治管理中,时常处于被动局面,而地质灾害空间数据库应用系统的设计与实现,将有效突破制约防治决策管理的"瓶颈"[85]。

广东省崩滑流地质灾害空间数据库管理与风险性评价系统的设计与实现,建立在Oracle数据库和ESRI ArcSDE空间数据库引擎的基础上,使用Arc Engine开发建设基于B/S架构的高级地图管理解决方案,系统应用平台可以实现各类地质灾害空间数据和属性数据一体化管理。系统具有数据输入、数据编辑、查询统计、空间分析、输出等数据管理一体功能。

第二节 地质灾害空间数据库系统的建设目标与要求

一、系统建设目标

广东省崩滑流地质灾害空间数据库管理与风险性评价系统建设的总体目标是:在已有数据成果的基础上,结合广东省的实际和应用需求,完成信息系统的基础设施与软硬件部署,建立广东省区域范围内崩滑流地质灾害空间数据库,建成集"网上录入、网上检索、网上分析、网上监管"图文一体化的"广东省崩滑流地质灾害空间数据库"管理系统,实现地质灾害信息的网上检索与分析,旨在全面提升广东省地质灾害数据的集中控制和管理水平。

二、系统建设任务

(1)建立广东省区域范围内以县级为单位的崩滑流地质灾害相关影响因素数据库,为地质灾害相关企事业单位的管理和决策提供实时、有效的数据支持。在广东省崩滑流地质灾害影响因素数据库的基础上,收集、分析广东省崩滑流地质灾害的现有数据、档案等资料,根据数据库建设的统一标准进行处理建库,按照"横向到边、纵向到底"的要求,建立覆盖广东省区域范围的内容完整、准确、明晰的广东省崩滑流地质灾害空间数据库。同时在完成各类数据建库的基础上,建立、完善各环节之间的数据关联,为地质灾害管理相关部门决策提供真实、准确、实时的数据支持。

(2)建立广东省崩滑流地质灾害空间数据库管理与风险性评价系统,并实现对地质灾害相关的空间数据、属性数据的网上检索、分析和管理。根据广东省地质灾害实际情况,采用广东省崩滑流地质灾害空间数据库的技术架构、基础平台,搭建覆盖广东省范围的广东省崩滑流地质灾害空间数据库信息管理与应用系统,实现广东省崩滑流地质灾害相关数据的网上检索分析和管理,全面提升地质灾害相关单位的管控能力与服务水平。

(3)完成广东省崩滑流地质灾害空间数据库管理与风险性评价系统的基础设施建设与软硬件部署,保障系统安全高效运行。根据数据库信息系统应用、数据存储和安全管理的要求,建立完善的空间数据库系统基础软硬件和网络设施,实现各县级间相关数据资源的整合利用,保障系统的安全、高效运行。

三、数据库建设要求

广东省崩滑流地质灾害空间数据库建设包括基础地理信息数据建设和地质灾害数据建

设两部分内容,其中基础地理信息数据建设要求将广东省现势性较好、质量满足要求的基础地理信息数据按照基础地理信息数据标准化要求进行处理,存储到广东省县级崩滑流地质灾害基础地理信息数据库,包括现有的地形图数据、行政区划数据、DEM 数据等;在地质灾害数据建设方面,需要以崩滑流地质灾害调查为基础,对广东省以县级为单位的各辖区内的崩滑流地质灾害的数量、种类、分布、发育和地质环境、地理信息等数据进行收集整理、编辑、存储和更新维护,建立起相应的数据库并与系统相结合,为相关管理部分提供数据检索和分析的功能,以便进行管理和决策。

数据库的建设要求主要有以下几点。

(1)要求制订详细的建库方案,根据需要对数据库字段内容进行扩充、调整,保证数据库结构能覆盖全部数据类型,明确每类数据的处理方法,完善数据库。

(2)要求建立数据质量体系,以评估并记录每一批或每一条数据的质量等级,每个图斑的精度等级,记录存在的数据问题,并明确不同质量数据的应用范围,以指导建库后的数据应用。

(3)要求全面清理各类数据存在的数据问题,包括数据重复、缺少图形、关联错误、属性错误、图形交叉等问题。

(4)对补充完善入库的数据,要求根据元数据规范,形成元数据。

(5)建立各类数据对外输出接口,能够准确地输出各类数据分类别、区域的数据及图形,能够准确地为广东省崩滑流地质灾害空间数据管理提供数据对接服务。

(6)要求建立基础数据更新机制,实现以广东省县级为单位的日常修补地形图数据能及时更新到广东省崩滑流地质灾害空间信息数据库。

四、系统建设要求

地质灾害空间数据库所涵盖的数据内容,既包括大量的地理空间信息,又包括大量的属性描述信息,内容非常广泛,且信息来源丰富、数据量庞大、数据类型众多、数据结构复杂,包括文字、数字、图形、图像,即所谓的具有多源、多量、多类、多维、多主题的"五多"特点。因此,对于以地质灾害数据为主体的系统,数据占据着非常重要的地位,数字化工作量大,必须要有相应的标准支持,对于上述的复杂信息,有必要采用"3S"集成方法,以实现从数据采集到数据管理和服务的不同层次、不同阶段[86]。据此,广东省崩滑流地质灾害空间数据库应用系统的建设要求主要有以下两个方面。

(1)要求制订详细的一体化系统建设方案,针对系统的开发建设、系统衔接、本地配置等,形成详细的建设方案。

(2)要求本次系统建设,从系统技术设计、逻辑设计、界面设计、系统实现等几个方面一步到位解决问题。

第三节 广东省崩滑流地质灾害空间数据库的设计与建立

一、数据库总体框架

广东省崩滑流地质灾害空间数据库由广东省县级崩滑流地质灾害空间数据库、粤北地区崩滑流地质灾害影响因素空间数据库、粤西地区崩滑流地质灾害影响因素空间数据库、粤东地区崩滑流地质灾害影响因素空间数据库4个部分构成(图6-1)。

参照《基础地理信息标准数据基本规定》(GB 21139—2007)相关规定,确定广东省基础地理空间数据的内容主要包括位置数据、行政区划数据、地形地貌数据、水系数据、道路交通数据、植被数据、土地利用数据、土壤类型及土壤侵蚀数据、DEM数据等。广东省县级崩滑流地质灾害空间数据库是基本的空间数据库,该数据库包含了全面完整的基础地理空间数据,包括矢量数据和栅格数据。粤东、粤西、粤北地区崩滑流地质灾害影响因素空间数据库也分别由各自区域范围内的矢量数据库和栅格数据库构成。矢量数据库中包括区域范围内的崩塌地质灾害点计数分布图、滑坡地质灾害点计数分布图、泥石流地质灾害点计数分布图、崩塌地质灾害点密度分布图、滑坡地质灾害点密度分布图、泥石流地质灾害点密度分布图、铁路、高速公路、国道、省道、水系、断裂带、流域,栅格数据库有区域范围内的数字高程模型、多年平均降雨量、坡度、坡向、土地利用类型、土壤类型、土壤侵蚀程度、岩性分布、植被覆盖率分布、山区分布、丘陵分布。

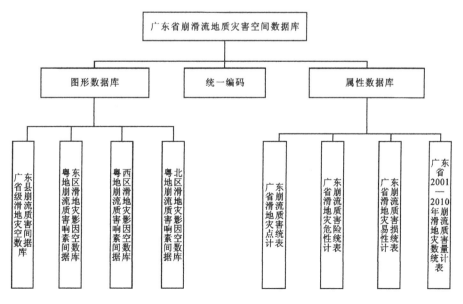

图6-1 广东省崩滑流地质灾害空间数据库结构设计图

在系统建立之前,应依据数据库的设计方案建立标准化、规范化的数据库,并通过分析数据现状情况,针对各类信息的数据,提供数据监理入库的办法。同时针对整体系统建设,提供有关数据建设的长期方案。

二、地理基础

在地理空间定位中,平面控制系统和高程控制系统都起着非常重要的作用。依据广东省崩滑流地质灾害空间数据库建设要求,以及考虑广东省地理位置,现空间数据库建设的平面控制系统:采用 2000 国家大地坐标系,起算中央子午线经度 $L_0=114°00'00''$。

广东省崩滑流地质灾害空间数据库对高程控制系统的选取是采用 1985 年国家高程坐标系,起算中央子午线经度 $L_0=114°00'00''$。

地图投影方式:1∶1 000 000 采用正轴等角割圆锥投影;1∶25 000~1∶500 000 采用高斯-克吕格投影,按 6 度带;1∶500~1∶10 000 采用高斯-克吕格投影,按 3 度带。

三、分类和编码原则

地理要素的层次性较强,因此可采用层级分类法,即"自顶向下、逐级划分"的方法来进行分类,这种方法的优点是层次性好,各个层级类目之间的逻辑关系简单清晰、一目了然,同时由于结构简单,也便于计算机处理,而缺点则是一旦确定了分层结构,要修改就比较困难,而且当分层较多时,数据的处理效率也会大大降低。就广东省崩滑流地质灾害空间数据库中的数据分类而言:如果严格按层次分类,会导致分层过多,代码太长,大部分的中间类不会直接被使用,严重占用资源;部分要素类属不明确,分类标准不清晰。因此,地理要素分类可以不必拘泥于某一方面或部门的要求,而是对现有的系统目标、系统建设任务、系统要求和现有技术条件等进行综合考虑决定。

《信息分类和编码的基本原则与方法》(GB/T 7027—2002)中要求,信息分类的基本原则应包括科学性、系统性、可扩展性、兼容性和综合实用性几个方面,依此建立起系统的科学分类体系,在满足系统要求和建设任务的前提下解决实际问题;而分类代码的功能是标识编码对象和体现分类、排序或对象的其他特征,因此系统空间要素编码的基本原则是以唯一性为前提的,即编码的对象与代码之间必须具有一一对应的关系,在此基础上,满足代码结构的合理性、可扩展性、简单性和规范性[87,88]。

根据以上信息分类和编码原则,结合系统实际,以广东省崩滑流地质灾害中地质灾害点的分类编码为例,采取如下的编码方式:

在对广东省各县级内的崩滑流地质灾害进行统计编码时,便可依照图 6-2 的方式来进行,首先对广东省各地级市进行编码,再对县级行政单位进行编码,最后用 1 表示崩塌地质灾害点,2 表示滑坡地质灾害点,3 表示泥石流地质灾害点,那么在粤东地区崩滑流地质灾害点图层中,代码为 10812001 的点,则表示的是梅州市(代码为 08)大埔县(代码 12)顺序号为 001 的崩塌地质灾害点。

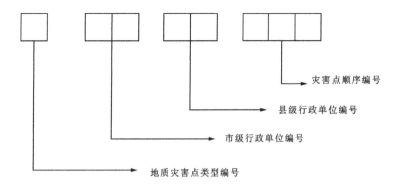

图 6-2 广东省崩滑流地质灾害点的分类编码

四、数据结构设计

根据相关规定，对于空间数据中图形要素及属性要素数据结构的设计，有国家及行业标准的，要按照国家及行业标准来设计，而对于地质灾害空间数据库的设计，因暂无国家以及行业标准，于是遵照前文中关于地理信息分类及编码的原则，对广东省崩滑流地质灾害空间数据库的空间要素分层、空间要素属性结构及非空间要素的数据结构进行设计。

（1）空间要素分层：根据广东省崩滑流地质灾害空间数据库的总体框架设计，该数据库由广东省县级崩滑流地质灾害空间数据库、粤北地区崩滑流地质灾害影响因素空间数据库、粤西地区崩滑流地质灾害影响因素空间数据库、粤东地区崩滑流地质灾害影响因素空间数据库4个部分构成，每个部分的数据结构一致，因此仅对其中的一个数据库进行说明（表6-1）。

表 6-1 广东省县级崩滑流地质灾害空间数据库空间要素分层表

要素类型	名称	图层名称	图层特征	图层说明
广东省崩滑流地质灾害影响因素矢量数据库	广东省崩滑流灾害区划	ZHQH	面	根据第三章内容
	广东省道路	GDDL	线	根据地图矢量化
	广东省高速公路	GDGS	线	根据地图矢量化
	广东省断裂带	GDDL	线	主要断裂带
	广东省国道	GDGD	线	根据地图矢量化
	广东省建成区	GDJC	面	根据地图矢量化
	广东省铁路	GDTL	线	根据地图矢量化
	广东省流域	GDLY	面	三级流域
	广东省水系	GDSX	线	根据地图矢量化
	广东省省道	GDSD	线	根据地图矢量化
	广东省县级行政单元	GDXJ	面	根据地图矢量化

续表 6-1

要素类型	名称	图层名称	图层特征	图层说明
广东省崩滑流地质灾害影响因素矢量数据库	广东省市级行政单元	GDSJ	面	根据地图矢量化
	广东省植被林地区	GDZB	面	根据地图矢量化
	广东省岩性分布	GDYX	面	根据地图矢量化
	广东省崩滑流地质灾害风险性区划	ZHFX	面	根据风险性得分按自然间断点分级
广东省崩滑流地质灾害影响因素栅格数据库	广东省 DEM	GDEM	网格	分辨率 30m
	广东省 400m 以上山区 DEM	GDSQ	网格	从全省 DEM 提取
	广东省坡度	GDPD	网格	自然间断点分级
	广东省坡向	GDPX	网格	自然间断点分级
	广东省植被覆盖度	GDZF	网格	植被覆盖指数分级
	广东省土地利用类型	GDTD	网格	根据遥感影像解译
	广东省土壤侵蚀程度	TRQS	网格	从低度到极度
	广东省多年平均降水量	GDJS	网格	2001—2010 年
	广东省土壤类型	TRLX	网格	以县级为单位
	广东省地质岩性分布	YXFB	网格	分辨率 30m

(2)空间要素属性结构：广东省崩滑流地质灾害空间数据库中，主要有两类空间要素，分别是矢量数据结构的空间要素和栅格数据结构的空间要素，对于这两种数据结构的空间要素，其属性表的结构也有所不同。栅格数据结构具有属性明显、定位隐含的特点，也就是说，在栅格数据结构的空间要素中，每一个栅格像元的 value 值即表示它本身的属性；而矢量数据结构的特点是定位明显、属性隐含，所以矢量数据结构的空间要素所对应的属性表结构也更为复杂，但其包含的属性信息也更多。表 6-2 和表 6-3 分别代表了矢量空间要素和栅格空间要素的属性表结构，其他空间要素属性表的结构也基本按此思路进行设计。

表 6-2 粤东地区崩滑流地质灾害点分布属性表结构

序号	字段名称	字段代码	字段类型	字段长度	小数位数	值域	是否必填	说明
1	目标标识码	OBJECTID	Int	10	—	>0	是	—
2	要素代码	YSDM	Char	10	—	—	是	—
3	灾害点编号	ZHBH	Char	10	—	—	是	根据图 6-2
4	灾害规模	ZHGM	Char	10	—	—	否	大、中、小
5	灾害等级	ZHDJ	Char	10	—	—	否	轻、重、中

续表 6-2

序号	字段名称	字段代码	字段类型	字段长度	小数位数	值域	是否必填	说明
6	灾害类型	ZHLX	Char	10	—	—	是	崩、滑、流
7	发生时间	ZHRQ	Date	—	—	—	否	
8	上次经济损失	JJSS	Float	10	2	—	否	单位:万元
9	威胁对象	WXDX	Char	150	—	—	否	单位:人

表 6-3 广东省多年平均降雨量属性表结构

序号	字段名称	字段代码	字段类型	字段长度	小数位数	值域	是否必填	说明
1	目标标识码	OBJECTID	Int	10	—	>0	是	—
2	网格	Raster	Raster	—	—	非空	是	分辨率 30m

注:网格的值为降雨量,单位是 mm。

(3)非空间要素的数据结构:广东省崩滑流地质灾害空间数据库中包含的非空间要素,指的是 4 个数据表格式的统计表格,分别是广东省 2001—2010 年崩滑流地质灾害数量统计表、广东省崩滑流地质灾害点统计表、广东省崩滑流地质灾害易损性分析统计表、广东省崩滑流地质灾害危险性分区统计表。这几个表格统计了广东省 2001—2010 年崩滑流地质灾害的发生次数,以及各崩滑流地质灾害各影响因素的因子值。

五、数据库的建立

根据广东省崩滑流地质灾害空间数据库建设的总体框架可知,该数据库主要包含两大部分,即图形数据库和属性数据库。对于图形数据,需要经过预处理、数字化、矢量化、格式转换、坐标转换、拓扑检查并入库。属性数据则需经过统一的编码并与图形数据实现连接。具体的建库流程如图 6-3 所示。

广东省崩滑流地质灾害空间数据库的建立是以美国 ESRI 公司的 ArcGIS 10.2 作为基础数据平台的,这也是目前在测绘与地理信息产业中应用得最为广泛的 GIS 软件。在 ArcGIS 中有 3 种空间数据类型,它们分别是 Coverage 类型、Shapefile 类型和 Geodatabsse 类型。其中,Geodatabsse 类型具备数据集成、一体化管理等优点,因此在本数据库的建设中选择这种数据类型进行建库。

1. 图形数据库的建立

图形数据即几何数据,是广东省崩滑流地质灾害空间数据库的基础,其质量的好坏也影响着整个空间数据的性能。建立图形数据库需要经过以下几个步骤:数据的采集与整理、数据预处理、几何配准与投影变换、栅格数据矢量化、数据的检查与入库。

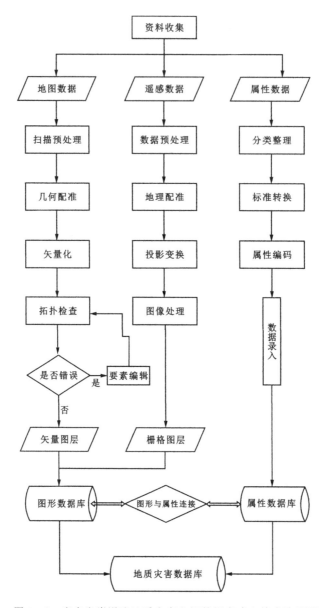

图 6-3 广东省崩滑流地质灾害空间数据库建立技术路线图

数据的采集就是将地理实体的图形数据和属性数据输入到数据库中。地质灾害空间数据库所需要的数据,主要包括地理基础数据、崩滑流地质灾害的影响因素数据和地质灾害点的数据等,数据采集的方法有所不同:对于基础数据的采集主要来源于各种不同比例尺、不同投影方式的图件,包括广东省行政区划图、广东省公路图、广东省全要素地图、广东省地质图等;对于各影响因素数据,则在历史图件的基础上还要通过网络等渠道收集信息,如广东省多年平均降雨量及最大点雨量的数据就是通过《广东年鉴》及中国天气网等网站收集的;地质灾害点的数据主要来源于各类文献资料中对于崩滑流地质灾害的记载。将这些数据加以收集，并根据数据来源及时间的不同进行筛选和分类，是建立图形数据库的第一步。

对于收集到的纸质图件，在扫描之前要进行预处理，检查图纸是否存在破损或变形，去除噪声，并对地图图面进行整理和清绘，以期减少扫描时出现的误差，同时需要对扫描仪的参数和扫描方式进行设置，以得到扫描仪分辨率范围允许内精度最高的图像。扫描后得到的栅格图像，可以在一些常用的图像处理软件，如 Photoshop、Coreldraw 等中进行诸如图像格式、对比度等的调整，为下一步在 GIS 软件中对图像进行配准做好准备。

扫描得到的图像通常不包含空间参考信息，同时，受资料来源及比例尺等影响，在数据采集阶段获取到的各图件，其坐标和投影并不一致。要建立起统一的广东省崩滑流地质灾害空间数据库，所有的数据图层必须统一坐标和投影。因此，对扫描后的栅格图像进行几何配准与投影变换，是建立图形数据库非常重要的一个步骤。在 ArcGIS 10.2 中，对栅格数据的配准使用的是地理配准工具条，对矢量数据的校正使用空间校正工具条，经过预处理的图像都是栅格数据结构，因此采用地理配准工具条对它们进行配准。地理配准需要有一个参考图层，这个参考图层可以是国家基本比例尺地形图，也可以是具有准确坐标的正射影像。有一点要注意的是，参考图层的比例尺需要大于或者至少等于需要配准的图像，这样配准后的图像精度才不会有太大的损失。查看已获取的各资料，广东省 DEM、广东省 1∶100 万地质图、广东省地质构造图采用的是 1954 北京坐标系，而广东省土地利用类型、广东省植被覆盖度影像采用的是 1980 西安坐标系，各图像的投影类型也不一致。为统一坐标和投影，以广东省 30m 分辨率 DEM 作为参考图层，将所有图像进行地理配准和投影变换，投影类型为 3 度带、中央经线 114 的高斯-克吕格投影，地理坐标系为 1980 西安坐标系。栅格数据的矢量化操作全部以此为标准进行。

在开始数字化之前，首先要对数据进行分层（表 6-1），在数据库的总体框架中已经说明，广东省崩滑流地质灾害空间数据库包含 4 个数据库，因此在 ArcGIS 10.2 中，通过 ArcCatalog 建立起相应的 Geodatabase 类型空间数据库，并在每个 Geodatabase 中创建具备统一地理坐标和投影的图层，将栅格图像导入数据库中，然后进行数字化的操作。在 ArcMap 中，提供了自动及半自动矢量化的操作，但仅适合于形状较为规则的地物，如 CAD 图中建筑物的矢量化，而客观世界中的地理实体更为复杂，因此仍使用手工交互式矢量化的方法对广东省行政区划图、广东省道路图、广东省地质构造图等进行矢量化。ArcMap 进行矢量化的操作需要具备 4 个前提条件，即激活 ArcScan 扩展模块；在 ArcMap 中添加至少 1 个栅格数据层和至少 1 个对应的矢量数据层；栅格数据要进行二值化处理；通过编辑器进行启动。满足这 4 个条件之后就可以根据栅格数据层的实际情况创建要素，如广东省道路图对应的是线状要素，广东省行政区划图对应面要素，而地质灾害点的分布则需创建点要素类。其中点的矢量化最为简单，对于本研究中收集到的灾害点数据，主要是以统计表中点的 XY 坐标形式存在，因此仅需将其按坐标在 ArcMap 中创建点图层显示即可；线的矢量化需要将线条放大到合适大小，尽量沿着栅格数据层中线的中轴线进行矢量化，并要保持线状要素尽量平滑；面的矢量化因最为复杂，涉及矢量数据的拓扑关系，包括邻接、包含、关联等，以广东省行政区划图的矢量化为例，对于相邻的两个区，其公共边一定要避免重复数字化，否则会导致拓扑错误,进而导致空间数据和属性数据的错误。

数字化工作完成之后,在数据入库前还有最后一个关键步骤——数据的检查。对于图形数据,主要通过目视检查法和拓扑检查法来检查图形是否存在错误,ArGIS 中的拓扑操作通过拓扑工具条完成,包括创建拓扑、验证拓扑、查找拓扑错误与异常、修复拓扑错误等。经检查无误的数据将以 Geodatabase 数据类型保存在图形数据库中。除了通过矢量化得到的矢量图层数据,其他系统需要用到的土地利用类型、土壤侵蚀程度等栅格数据结构的图层也要通过地理配准、投影变换、格式转换等操作,导入相应的空间数据库中,以完成数据库的建立。

2. 属性数据库的建立

属性数据包括定性的属性数据和定量的属性数据,前者是对地理实体的性质进行描述,后者主要对地理实体的数量、等级等具有统计特征的特性进行描述。属性数据库即非空间数据库,广东省崩滑流地质灾害空间数据库中的属性包含两大类,一类是通过图层本身的图斑属性进行存储,另一类是采用事务性数据库系统进行存储,本书中采用的是微软公司的 Microsoft Access 作为系统的外挂属性数据库平台。

不管是哪一类属性,在空间数据的采集阶段,属性数据资料的收集与整理也同时进行,并且属性数据与空间数据之间也有着相辅相成的对应关系。如数据库中的基础数据——广东省县级行政区划图,在资料采集阶段就需要同时收集每个县级的属性数据,具体建库过程中首先通过栅格数据矢量化得到矢量图层作为基础,根据图层的实际情况设计属性结构(表 6-3),包括字段名称、字段类型、字段长度等,再通过键盘录入的方式把行政单位的属性输入与空间数据图层对应的属性表里。这种属性称为图元属性,与空间数据一起存储在 ArcGIS 的 GeoDatabase 类型数据库中。

广东省崩滑流地质灾害空间数据库中的外挂属性数据库,通过 Microsoft Access 创建属性数据库和数据表,存储的属性数据有两类,一类是通过《广东省志》《广东省防灾减灾年鉴》、广东省国土资源厅网站等渠道收集到的崩滑流地质灾害的所在县级、空间位置坐标、灾害类型、灾害等级、造成损失、威胁人数等信息,形成对应的灾害统计表;另一类是对广东省崩滑流 3 种地质灾害各自发生次数、发生时间的统计,同时也统计并计算了地质灾害的相关影响因素的因子值,如断裂带的分布密度、道路密度等。每个数据表中都要有关键字段,以便实现空间图形数据与属性数据之间的连接,如灾害点统计表的关键字段,就是根据信息分类和编码原则所设计的 8 位数字的灾害点分类编码。

属性数据的类型多样,录入过程繁琐,非常容易出错,因此属性数据库建立后,进行属性数据的校对与核验显得尤为重要。检查的方法包括目视比较法和逻辑检查法,其中目视比较法的检查与图形数据的检查一致;逻辑检查法在这里主要是通过软件来检查属性数据的值是否超出了取值范围、属性与图形之间或属性数据之间是否存在着不合逻辑的组合。

3. 图形数据与属性数据的连接

使图形数据库和属性数据库形成无缝连接机制是数据库建立的最终目标,只有建立起无缝连接,才能对图形数据和属性数据进行统一的查询、管理等操作。也只有将图形数据和属性数据连接起来,广东省崩滑流地质灾害空间数据库应用系统才能正常调用数据库中的各类数据,实现系统运作。而两者进行连接的关键,就是通过统一的编码,地质灾害点的编码具有唯一性,符合关键字段的要求,在空间数据平台 ArcGIS 和属性数据库 Microsoft Access 之间通过 Microsoft Access Database Engine,就可以实现图形数据与属性表的连接,进而建立起具有数据一致性、完整性特点的广东省崩滑流地质灾害空间数据库。

第四节 广东省崩滑流地质灾害空间数据库管理与风险性评价系统的设计与实现

一、系统设计原则

广东省崩滑流地质灾害空间数据库管理与风险性评价系统的设计,首先遵循规程与技术创新兼顾的原则,在国家所颁布的关于系统设计相关规程的基础上,设计思路和方法结合当前高新技术的发展,使得系统具备一定的创新性;其次,根据系统实际应用的需求,采用面向对象方法以及自上而下的模块化设计原则,方便进行开发,同时也增强了系统的可扩展性;此外,系统在 Oracle 数据库上通过 ArcGIS 软件平台,结合 SOA 技术进行基于组件或面向服务的架构体系开发,以保证平台的先进性和适应性;最后,为了使系统具有良好的可移植性、可维护性、一致性和安全性,系统设计中还要相应考虑支持多事务处理机制、系统一致性和安全性等原则,以已有的技术规程为基础,尽力做到标准化和规范化,提高系统运行效率,保证系统的正常运行[89]。

二、系统基础软件平台的选择

当前,采用基于面向服务的松耦合软件体系架构 SOA 技术路线的软件平台主要分为 Java EE 及.Net 两大技术阵营。Java EE 的主要支持厂商有 IBM、Oracle、普元等公司,.Net 的主要支持厂商为 Microsoft 公司,本系统拟采用基于 Java EE 的软件平台构建系统,原因如下。

首先,Java EE 在系统的移植性和扩展性上具有先天的优势,支持多种操作系统平台。目前,绝大部分企事业单位采用的操作系统为 Windows,但在系统建设的过程中,会有 AIX、Linux 等操作系统平台的建立,而.Net 目前只能很好地支持 Windows 操作系统。

其次,采用何种技术关键是看各平台厂商对 SOA 标准体系的支持。下面简单介绍一下 SOA 标准体系(图 6-4)。

SOA 的标准体系分为基础层、架构层、应用层 3 个层次(图 6-4),3 个层次标准互相约束、互相关联,又是全面支撑 SOA 系统建设和网络硬件平台设计的一个整体。在基础层标

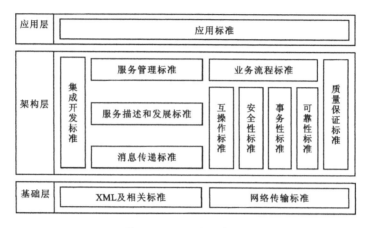

图 6-4 SOA 标准体系

准中,XML 及其相关标准是 SOA 的基石,网络传输标准主要采用超文本传输协议(HTTP),目前几乎所有厂商都支持这两个标准。在架构层标准中,消息传输标准主要是简单对象访问协议(SOAP);服务发现和描述标准主要是统一描述,发现和集成协议(UDDI);可靠性标准主要是 Web 服务可靠性(WS-reliability);事务性标准主要是 Web 服务事务处理(WS-transaction);安全性标准主要是 Web 服务联合语言(Web services federation language);互操作标准主要是 Web 服务互操作基本概要(WS-i basic profile);服务性标准主要是 Web 服务分布式管理(WSDM);业务性标准主要是业务流程建模标注(BPMN)、Web 服务业务流程语言(WS-BPEL)和用于人工交互的 Web 服务业务流程执行语言扩展(BPEL4PEOPLE);集成开发标准主要是服务组件架构(SCA)和服务数据对象(SDO);在架构层的上述标准中,Microsoft 相对于其他厂商来说对服务性标准、业务性标准、集成开发标准和质量保证标准的支持不足。应用标准主要有 ebXML 注册服务(ebXML RIM)。上述厂商都支持这一标准[90]。

最后,从 SOA 产品在国内外成功运用的情况来看,基于 Java EE 的软件平台的项目数量也远远大于基于.Net 的软件平台的项目。因此,应用系统的开发选择基于 Java EE 的软件平台进行。

三、系统总体设计和技术架构设计

在系统的分析、设计、实施时,系统依托于现有的法律、法规及业务标准和规范。标准包括总体标准、数据资源标准、应用标准、应用支撑标准、信息安全标准、网络系统标准和工程管理标准等,与建设单位共同发展,得到各级用户的认可。在 SOA 相关的技术和安全标准上,整个系统主要采用结构信息标准化促进组织(OASIS)、开放 SOA 联合会(OSOA)、万维网联合会(W3C)等国际化组织的开放标准。同时,系统的开发、设计和部署等需要依托于集成化的开发和设计环境,缩短系统的实现周期,方便系统的完善和管理。

1. 总体设计

系统的总体设计共分为4个层次(图6-5),分别是基础支撑层、信息资源层、支撑服务层、复合应用层。其中,基础支撑层包括两个部分,分别是系统软硬件和网络基础平台,在SOA体系架构下,基础支撑层的各类设施中,系统软件、基础中间件以及数据库服务软件都将作为局部网格运算,支持SOA框架下的分布运行;支撑服务层构建在信息资源层之上,是整个SOA体系架构的核心,提供了基于业务构件的服务以及服务的运行、管理环境,支撑服务层又可细分为信息访问服务层、共享业务服务层、展现服务层和服务基础架构层;复合应用层是直接面向用户的统一的系统界面,实现用户与流程和数据的交互,并满足用户特定的使用习惯[91]。

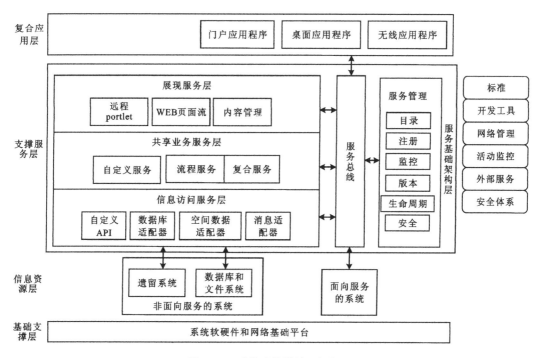

图6-5 系统总体设计逻辑视图

2. 系统技术架构设计

在技术架构上,SOA的基础结构包含应用程序前端、服务、服务库和服务总线等元素,如图6-6所示。

应用程序前端是业务流程的所有者。服务提供业务功能,可供应用程序前端和其他服务使用。服务实现提供业务逻辑和数据,服务契约为服务客户指定功能、使用和约束,服务接口具物理地址公开功能。服务库存储SOA中各个服务的服务契约(包括服务、操作和参数签名)、服务所有者、访问权限、服务预期性能和扩展性信息、服务的事务属性和服务的各

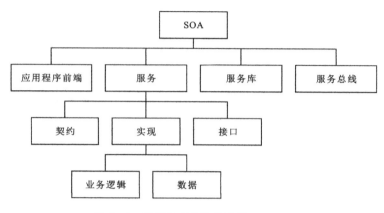

图 6-6 系统技术架构设计图

个操作等信息,并提供开发和运行时的绑定功能。企业服务总线(enterprise service bus,ESB)将应用程序前端和服务连接在一起[92]。而服务库的建设是一个渐进与长期的过程,随着应用系统的建设、完善优化以及重构,最终可以建立规范化、可复用的组件服务库。建立服务库的基本思想是高内聚、低耦合,在应用系统的建设、运行以及扩展阶段,服务库都可以提供相应的功能模块。一个科学、结构合理的服务库将能更好地管理广东省崩滑流地质灾害空间数据库的建设进程。

四、系统功能模块的设计与实现

1. 主要功能模块概述

为满足广东省崩滑流地质灾害空间数据库中各类数据管理需要,结合数据现状,在Oracle数据库和ESRI ArcSDE空间数据库引擎的基础上使用ArcEngine开发建设基于B/S架构的高级地图管理解决方案,具有数据导入导出、数据编辑、数据检查、查询统计、输出、更新等数据管理功能一体的系统应用平台,实现各类数据的空间数据和属性数据一体化管理[93]。系统的主要功能模块设计如图6-7所示。

2. 系统界面设计

通过广东省崩滑流地质灾害空间数据库管理与风险性评价系统的登录界面(图6-8),输入账号和密码,即可登录到系统的主界面,界面设计秉持简单明了的风格,以地图为主体居中显示,系统页面左上角放置的是比例尺实时显示和无级缩放工具(图6-9),用户可以通过上下移动系统提供的拖拉杆对地图窗口进行无级缩放,同时,将比例尺显示在图上,使得用户可根据比例尺对图形进行计算,了解图上显示地物的实际大小。系统工具条位于页面左上方,通过点击工具条上的功能按钮进行具体的查询、分析等操作。专题图层列表位于页面右上方,可以根据需要选择要显示的专题图层。

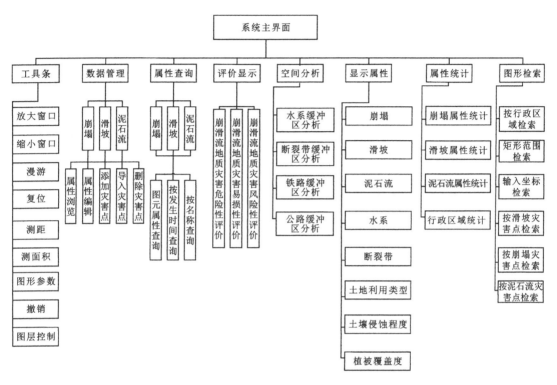

图6-7 广东省崩滑流地质灾害空间数据库管理与风险性评价系统功能结构图

图6-8 广东省崩滑流地质灾害空间数据库管理与风险性评价系统登录界面

图 6-9　系统工具条

3. 专题图层显示控制

该功能按钮位于主界面的右上方,可以调整各个图层在窗口上的上下显示顺序,后显示的图层压盖在其他图层的上面,也可以对地图图层的可见性、显示图例、范围等进行显示和选择。如图 6-10 所示,专题列表中共有 8 个文件夹,分别是广东省地质灾害点、粤东地区、粤东山区、粤北地区、粤北山区、粤西地区、粤西山区、广东省县级,每个文件夹中有相对应区域的专题图层,供用户选择显示,进行查询和分析。

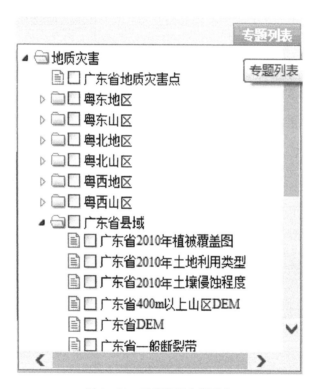

图 6-10　系统图层专题列表

4. 系统工具条

系统工具条可分两部分,第一部分是基本工具,第二部分是查询分析工具,分别对这两部分工具进行介绍如下。

第一部分基本工具,是工具条上的左侧第一至第九个按钮,第一至第七个按钮的功能分别是地图的漫游、放大、缩小、全图、前一视图、后一视图、清除,其具体功能是对地图窗口进行任意方向漫游、放大显示、缩小显示、按照全区范围显示地图、按照前一次/后一次操作的显示范围显示地图,以及清除当前地图窗口的内容,让地图显示窗口重新显示。第八至第九个按钮的功能分别是测距和测量面积。测距是量算图上两点的距离,如灾害点距道路距离等;测量面积提供矩形、多边形和圆形圈选工具,圈选图上一定范围,量算该范围的面积。

第二部分查询分析工具,工具条右侧的 6 个按钮分别是属性查询、缓冲区分析、评价结果查询、上图导出、崩滑流地质灾害点统计、添加灾害点工具,其具体功能在后文中进一步介绍。

5. 属性查询

通过属性查询功能,用户可以查询到广东省崩滑流地质灾害风险性分布图、广东省崩滑流地质灾害危险性分布图、广东省崩滑流地质灾害易损性分布图、广东省崩滑流地质灾害点分布等图层的相关属性(图 6-11)。打开专题列表中"广东省县域"文件夹,在列表中选择广东省崩滑流地质灾害危险性分布图,点击图上县级,相关的危险性影响因素属性就以列表的方式显示出来,系统左下角则可以看到已打开的专题图层的图例。而对于灾害点要素,在信息属性表中,除了系统规定的关键字段(如要素类型),还可以查询到灾害点的等级、规模等信息。

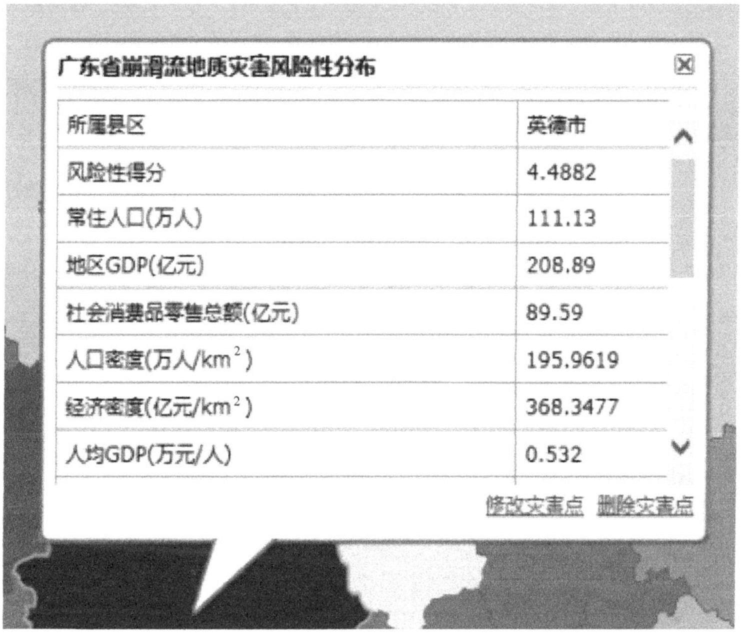

图 6-11 属性查询

6. 空间分析

系统中的空间分析主要包括两个部分,即叠加分析和缓冲区分析,通过对不同图层(断裂带、道路、水系等)建立缓冲区等方式,与粤东、粤西、粤北的地质灾害点图层叠加,进行综合分析,可得出不同的崩滑流地质灾害影响因素与地质灾害点空间分布的关系。

具体操作时,先点击"叠加分析"工具,选择分析类型和绘制缓冲区的方法(图6-12、图6-13),如对粤东地区断裂带专题图层中的一条主要断裂带与粤东地区的地质灾害点分布进行空间分析,就需要在分析类型中选择"线",绘制方法选择"选择关联",在断裂带图层中选择需要建立缓冲区的断裂带,则弹出分析窗口,输入缓冲距离并点击分析,可得到落入缓冲区内的地质灾害点统计分析结果饼图和分析结果列表(图6-14—图6-16)。

图6-12 选择分析类型　　　　　　　　图6-13 选择绘制方法

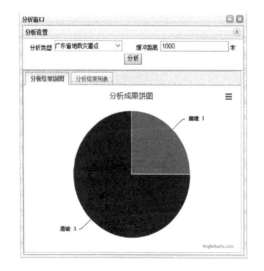

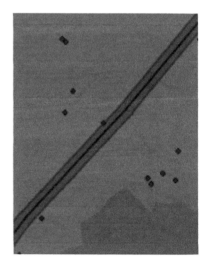

图6-14 缓冲区分析结果饼图　　　　　图6-15 五华县主要地质断裂带半径为1000m的缓冲区分析

图 6-16 空间分析结果显示

7. 评价结果查询

评价结果查询功能提供广东省崩滑流地质灾害风险性评价、危险性评价和易损性评价的具体评价结果及相关影响因素的具体数值,让用户通过定义查询字段和查询条件,查询评价结果图层上的要素,包括县级和地质灾害点的信息属性等;例如:图 6-17 中,用户先选择"广东省崩滑流地质灾害点危险性分布"图层,系统自动显示相关的属性字段,用户选择行政区名称字段作为查询条件,并在后面的编辑框中输入想要查询的字段名,然后点击查询按钮进行查询,就可以看到相应的属性查询结果,由此可知该县级的危险性、易损性和风险性等级和各影响因素的参数值,如阳春市,属于中度风险区、高度危险区、轻度易损区,同时,可实现相应县级在评价结果分布图上的图形定位。

8. 统计分析

统计分析的功能是,在地图上选择某一范围后,设置统计条件和统计度量值,对地物信息进行统计。例如:以粤东、粤西、粤北地区为统计对象,对其在 2001—2010 年各个县级所发生的崩滑流地质灾害点数量进行统计。统计结果以灾害情况统计列表和以年份为单位的崩滑流地质灾害点数量的柱状图显示(图 6-18、图 6-19)。

图 6-17 评价结果查询

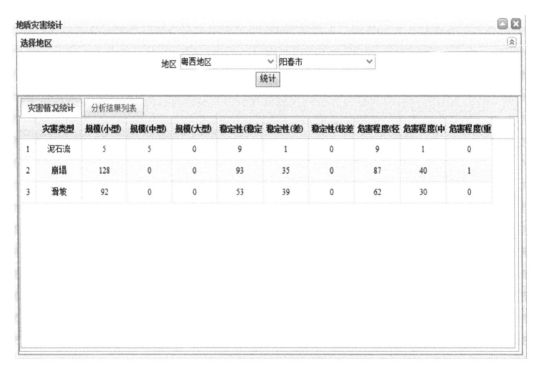

图 6-18 灾害情况统计

9. 添加灾害点

在广东省崩滑流地质灾害空间数据库管理系统中,数据的添加、修改和删除功能主要针对的对象是粤东、粤西、粤北地区的地质灾害点图层。由于数据的可获得性,以及崩滑流地

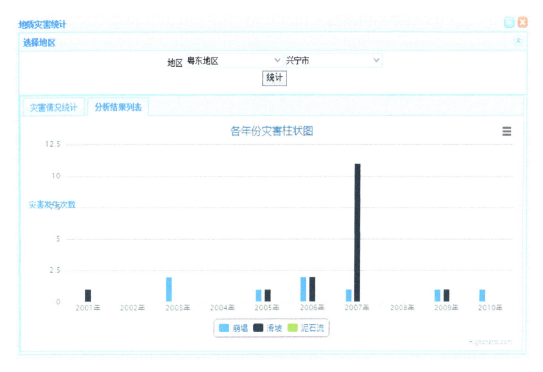

图 6-19　分析结果统计

质灾害随时间变化的特征,已有的灾害点并不完全,因此,当获取新的灾害点数据时,就可以通过数据添加功能将崩滑流地质灾害点添加到相应的图层上。具体操作时,先要打开广东省地质灾害点图层,可通过坐标定位的方法增加灾害点,并输入灾害点的属性,包括所在地区、县级名称、灾害类型、规模、稳定性、危害程度、发生时间和诱发因素(图 6-20)。修改或删除灾害点则需要在图层中先选择要修改或删除的灾害点,系统会通过对话框显示已选灾害点的属性对话框,可通过对话框右下角的"修改灾害点""删除灾害点"选项进行编辑(图 6-21)。

图 6-20　坐标定位法(左)与添加地质灾害点(右)

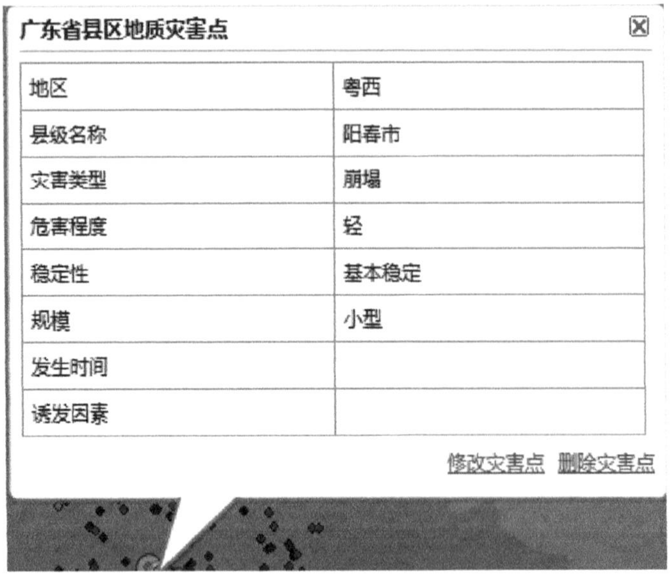

图 6-21 编辑灾害点

10. 上图导出

上图导出的目的是根据输入坐标范围、导入矢量图形文件、选择关联等多种方法,进行用户所需要的专题图层要素的查询与显示,并将针对这种数据查询的结果数据集以固定格式导出。具体操作方法是,首先选择要导出图形数据的绘制方法(图6-22),以选择"绘制界线"选项为例,则需在图上用鼠标画出所要导出图形的范围(图6-23),会看到有"界线坐标"对话框弹出,在该对话框中选择输出图形文件所要采用的坐标系及确认所绘制界线的各折

图 6-22 选择绘制方法

点坐标之后,可单击"保存"按钮,最后以压缩文件格式保存图形文件(图6-24),该压缩包中包含了Geodatabase数据库中所有数据格式,用户可在 ArcGIS 软件平台中打开,并根据需要进行查看与编辑。

图 6-23 绘制界线

图 6-24 保存图形文件

第七章 总 结

崩滑流地质灾害是广东省地质灾害的主要类型,其分布呈现出明显的局部群体性和区域差异性,给社会经济和人民生命财产安全带来严重的危害。本书以广东省为研究对象,从不同空间尺度上对崩滑流地质灾害的分布及影响因素进行研究,并建立起广东省崩滑流地质灾害空间数据库,得出以下几点结论。

1. 广东省崩滑流地质灾害的风险性评价研究

(1)通过各类文献资料,统计了广东省 1980—2010 年间所发生的具有一定规模的伤亡性崩滑流地质灾害历史数据点 5508 处,在此基础上,依据 ArcGIS 10.2 制作了广东省崩滑流地质灾害点密度图,发现地质灾害点密度最高的县级有粤东地区的梅州、河源,粤西地区的阳江、茂名,以及粤北地区的清远、韶关等地,而粤东粤西沿海地区的灾害点密度较低。

(2)从定性评价法和定量评价法两个方面对崩滑流地质灾害的评价方法进行综合阐述,以广东省为研究区域,使用相关性分析方法从县级的尺度对崩滑流地质灾害的影响因素进行统计分析。依据广东省的自然地理特征并结合专家经验,选取了地层岩性、地形特征、断裂带分布状况、降雨量、水系分布、建成区状况、道路工程 7 个评价指标,来统计分析各指标与崩滑流地质灾害危险性的相关程度。

(3)采用客观赋权法和主观赋权法相结合的方式,讨论 7 个评价指标对崩滑流地质灾害发生的作用强度,进而加以赋权,经统计得出各评价指标与崩滑流地质灾害点密度的相关系数,发现最大相对高差与崩滑流地质灾害点计数的相关系数要远远高于其他评价指标的相关系数,故在不同的最大相对高差分级的条件下,将各评价指标与崩滑流地质灾害点密度的相关系数进行"非负化"处理作为其权重值。

(4)采用综合指数法对广东省崩滑流地质灾害的危险性、易损性及风险性综合评价指数进行计算,得出广东省崩滑流地质灾害分布的极度、高度、重度危险区,主要集中在粤西的茂名市高州市、阳江市阳春市;粤北地区的清远市英德市、韶关市;粤东沿海的汕尾市、潮州市潮安区、梅州市丰顺县、五华县;珠三角的部分县区也处于高度和重度危险区;易损性分布的极度易损区、重度易损区、高度易损区均集中于珠三角地区;极度风险区有广州市越秀区和深圳市罗湖区,高度风险区、重度风险区多集中在珠三角地区,中度风险区集中在粤东沿海地区、粤北、粤东河源西部和梅州东部地区、粤西的茂名、阳江等市。

2. 广东省崩滑流地质灾害的影响因素

(1)在不同学者制作的广东省地质环境区划图的基础上,利用 ArcGIS 重新制作了区划图。将广东省划分为 3 个区：Ⅰ区——南岭丘陵山地区，Ⅱ区——粤东、粤西丘陵区；Ⅲ区——海岸带丘陵、台地、平原区。通过分析得出，岩土特性、地形坡度、降雨、人为工程建设等因素对崩滑流地质灾害的影响最为显著。

(2)通过对广东省2001—2010年间各个县区每年所发生的崩滑流地质灾害分别进行统计，发现位于粤北、粤东、粤西的县区中，高程在400m以上的山区所占面积比例较大的县级，所发生的崩滑流地质灾害数量占全省崩滑流地质灾害总数的70%以上。因此，以粤北、粤东、粤西3个区域为主要研究对象，在县级崩滑流地质灾害影响因素分析的基础上增加了土壤侵蚀程度、植被覆盖度、土地利用类型等因素，对各区域的地质灾害背景、崩滑流地质灾害分布和影响因素进行分析。根据统计分析结果，粤东地区的崩滑流地质灾害主要分布在梅州市和河源市境内；粤西地区的崩滑流地质灾害主要分布在阳江市阳春市、茂名市高州市、信宜市等县级；粤北地区的各个县级都有不同程度的崩滑流地质灾害点分布。

(3)分别以粤东地区的梅州市、粤西地区的阳江市阳春市、粤北地区的清远市英德市作为要研究的典型县市，采用相关性分析与GIS空间分析相结合的方法，进行进一步的定量分析，得出不同的县市在崩滑流地质灾害的分布特征、主控因素和致灾因子上有着一定的差异性：梅州市崩滑流地质灾害发生的主控因素是植被覆盖度、土壤侵蚀程度和坡度，重要的致灾因子则是降雨与人类工程活动，主要分布在植被覆盖度较低、土壤侵蚀程度较高，高程100～300m，坡度5°～15°，与道路距离小于500m的丘陵地区；阳春市发生崩滑流地质灾害的主控地质环境因素是高程、坡度和岩性，降雨及人类工程活动则是形成地质灾害的外在重要致灾因子，崩滑流地质灾害点主要分布于高程小于100m，坡度在10°以下，岩性为碎屑岩或碳酸盐岩、与道路距离小于500m的丘陵平原和岩溶地貌区段；英德市形成崩滑流地质灾害的主控因素是坡度、高程和土壤侵蚀程度，而岩性、工程岩组类型、降雨及人类工程活动则是形成地质灾害的重要致灾因子，主要分布于高程小于200m，坡度小于15°，土壤侵蚀程度较高的丘陵低山和岩溶盆地区。

3. 广东省崩滑流地质灾害空间数据库管理与风险性评价系统的设计与实现

(1)建立起广东省县级崩滑流地质灾害空间数据库，包括图形数据库和属性数据库，图形数据有矢量数据和栅格数据两种格式，通过在ArcGIS中建立起Geodatabase格式的方法实现，属性数据库则以二维属性表的形式存储在大型关系型数据库Oracle中。图形数据与属性数据之间通过唯一标识码进行连接。

(2)将GIS二次开发最新前沿技术应用到崩滑流地质灾害管理信息系统中，在SOA面向服务体系技术架构支持下，采用Java EE语言和ArcGIS二次开发组件ArcObjectcs，实现广东省崩滑流地质灾害空间数据库管理与风险性评价系统，具备图层显示、属性查询、空间分析等功能。

(3)基于B/S模式的广东省崩滑流地质灾害空间数据库管理与风险性评价系统的应用，可以为地质灾害相关企事业单位的管理和决策提供实时、有效的数据支持，实现地质灾害相关数据的网上检索分析和管理，全面提升地质灾害相关单位的管控能力与服务水平。

主要参考文献

[1]胡广韬,杨文远.工程地质学[M].北京:地质出版社,1984.

[2]冯冬宁,王云鹏.基于GIS广东省滑坡地质灾害区划及影响因素分析[J].河北遥感,2016(1):12-17.

[3]程凌鹏,杨冰,刘传正.区域地质灾害风险评价研究述评[J].水文地质工程地质,2001(3):75-78.

[4]IVGS. Quantitative risk assessment for slopes and landslides:the state of the art[M]. Rotterdam:A. A. Balkema,1997.

[5]张开.滑坡国内外研究概况的综述[J].科技创新导报,2012(4):102-103.

[6]MAHDAVIFAR A U R. Landslide hazard zonation of the Khorshrostam Area,Iran[J]. Bulletin of Engineering Geology and the Environment,2000,58:207-213.

[7]URSKA P,MATJAZ M,MIHAEL R. Hazard assessment due to falling stones on a reach of the regional road in the Trenta Valley,Slovenia[J]. Geologija,2005,48(2):341-354.

[8]HIROSHI Y,DAISUKE H. Methodological study on landslide hazard assessment by interpretation of aerial photographs combined with AHP in the middle course area of Agano River,Central Japan[J]. Journal of the Japan Landslide Society,2009,45(5):358-366.

[9]DOUGLAS P,SAUTS,NORIOO,et al. Making sense of natural hazard mitigation:Personal,social and cultural influences[J]. Environmental Hazards,2010,9(2):183-196.

[10]TEATINI P,TOSI L,STROZZI T,et al.,Resolving land subsidence within the Venice Lagoon by persistent scatterer SAR interferometry[J]. Physics and Chemistry of the Earth,2012,40/41:72-79.

[11]RIHEB H,ABD E B,YACINE L,et al. Geologic,topographic and climatic controls in landslide hazard assessment using GIS modeling:a case study of Souk Ahras Region,NE Algeria[J]. Quaternary International,2013,302(17):224-237.

[12]文海家,张永兴,柳源.滑坡预报国内外研究动态及发展趋势[J].中国地质灾害与防治学报,2004,15(1):1-4.

[13]吴圣林.崩塌:推覆滑移地质体成因机理及其稳定性研究[D].北京:中国矿业大学,2008.

[14]胡广韬.滑坡动力学[M].北京:地质出版社,1995.

[15]晏同珍,伍法权,殷坤龙.滑坡系统静动态规律及斜坡不稳定性空时定量预测[J].地球科学:中国地质大学学报,1989,149(2):117-133.

[16]徐峻龄.再论高速滑坡的"闸门效应"及其运动特征[J].中国地质灾害与防治学报,1997,8(4):23-27.

[17]卢肇钧.黏性土抗剪强度研究的现状与展望[J].土木工程学报,1999,32(4):3-9.

[18]靳晓光,王兰生,李晓红.位移监测在滑坡时空运动研究中的应用[J].山地学报,2002,20(5):632-635.

[19]张倬元.滑坡防治工程的现状与发展展望[J].地质灾害与环境保护,2000,11(2):89-97+181.

[20]周保,彭建兵.黄河上游拉干峡:寺沟峡段特大型滑坡及其成因研究[J].地质论评,2014,60(1):138-144.

[21]曹炳兰,杨志双.中国洒勒山大型滑坡高速运动成因机制和灾害预测:第五届全国工程地质大会论文集[C].河南:工程地质学报编辑部,1996.

[22]易顺民.滑坡活动时空结构的信息维特征及其工程地质意义[J].水文地质工程地质,1998,25(5):48-51.

[23]张勋,卜煊靖.滑坡位移最大Lyapunov指数及其在滑坡预报中的应用[J].山西建筑,2015,41(11):84-85.

[24]涂长林,商建林,谢叶彩,等.改进的灰色关联分析在滑坡危险性评价中的应用:以广东省滑坡危险性评价为例[J].灾害学,2007,22(1):86-89.

[25]邱海军,曹明明,刘闻,等.基于三种不同模型的区域滑坡灾害敏感性评价及结果检验研究[J].地理科学,2014,34(1):110-115.

[26]王佳佳,殷坤龙,肖莉丽.基于GIS和信息量的滑坡灾害易发性评价:以三峡库区万州区为例[J].岩石力学与工程学报,2014,33(4):797-808.

[27]庄建琦,崔鹏,葛永刚,等."5·12"汶川地震崩塌滑坡危险性评价:以都汶公路沿线为例[J].岩石力学与工程学报,2010,29(2):3735-3742.

[28]霍志涛,彭轩明.中国西部地质灾害空间数据库系统建设[J].华南地质与矿产,2003(3):49-53.

[29]彭颖霞,何贞铭.基于GIS的省级地质数据库设计与实现[J].测绘与空间地理信息,2011,34(3):157-161.

[30]荆长伟.浙江省土壤数据库的建立与应用[D].杭州:浙江大学,2013.

[31]王小东.基于GIS的地质灾害空间数据库设计[J].河南理工大学学报,2007,26(3):250-253.

[32]李月臣.重庆市地质灾害空间数据库设计与建设[J].中国地质灾害与防治学报,2007,18(1):115-119.

[33]张海峰.基于ArcGIS的温州市地质灾害空间数据库建立及应用[D].西安:长安大学,2007.

[34]张博.基于ArcGIS的府谷县地质灾害空间数据库建立及易发区评价研究[D].西安:长安大学,2009.

[35]杨天亮.基于GIS的陕南公路地质灾害空间数据库建立及危险性评价研究[D].西安:长安大学,2005.

[36]何源睿.基于GIS的内昆铁路地质灾害空间数据库设计及应用[D].成都:西南交通大学,2005.

[37]燕丽萍.广东省泥石流灾害综合分析[J].热带地理,2009,29(4):335-339.

[38]刘瑞华,孙宁,唐光宁.广东滑坡灾害的地质环境与致灾因素分析[J].热带地理,2010,30(1):13-17.

[39]易顺民,梁池生.广东省地质灾害与防治[M].北京:科学出版社,2010.

[40]魏平新,汤连生,张建国,等.基于GIS的广东省滑坡灾害区划研究[J].水文地质工程地质,2005(4):6-9.

[41]刘希林,燕丽萍,尚志海.基于区域临界雨量的广东省泥石流灾害易发区预测[J].水土保持学报,2009,23(6):71-74+84.

[42]魏敏.广东省强降雨诱发地质灾害的统计研究[D].焦作:河南理工大学,2011.

[43]余承君,刘希林.广东省崩塌、滑坡及泥石流灾害危险性评价与分析[J].热带地理,2012,32(4):344-351.

[44]陆显超,龚民,汤连生,等.基于T-S模糊神经系统的灰色关联分析方法:以广东省滑坡危险性评价为例[J].中国地质灾害与防治学报,2006,17(3):143-146.

[45]闫满存,王光谦,李保生,等.广东沿海陆地主要地质灾害及其控制因素分析[J].地质灾害与环境保护,2000(3):204-210.

[46]詹文欢,钟建强,刘以宣.华南沿海地质灾害[M].北京:科学出版社,1996.

[47]李邵军,冯夏庭,杨成祥,等.基于三维地理信息的滑坡监测及变形预测智能分析[J].岩石力学与工程学报,2004,23(21):3673-3675.

[48]王志旺,李端有.RS和GIS在滑坡研究中的应用[J].长江科学院院报,2005,22(6):63-66.

[49]宫清华,黄光庆,杨木壮,等.广东省地质灾害预报预警现状与发展对策[J].中国地质灾害与防治学报,2007,18(1):10-13.

[50]易顺民.广东省滑坡活动的时间分布规律研究[J].热带地理,2007,27(6):499-504.

[51]徐俊鸣.广东的自然地理特征[J].中山大学学报,1956(2):170-204.

[52]刘会平,潘安定,王艳丽,等.广东省的地质灾害与防治对策[J].自然灾害学报,2004,13(2):101-105.

[53]广东省地方史志编纂委员会.广东省志·自然灾害志[M].广州:广东人民出版社,2011.

[54]吴树仁.地质灾害活动强度评估方法和实例[J].地质通报,2009,28(8):1127-1137.

[55]夏法,黄玉昆.广东的地质灾害与地质环境[J].自然灾害学报,1995,4(3):83-91.

[56]陆显超,卿展晖,范拓.广东省地质灾害预测分区研究[J].岩石力学与工程学报,2006,25(2):3405-3411.

[57]许小娟,周舺.韶关地区水文特性分析[J].广东水利水电,2005,25(1):45-48.

[58]师刚强,李豪.清远市阳山县贤令山滑坡成因机制及稳定性分析[J].科技资讯,2012(18):52-53.

[59]舒良树,周新民,邓平,等.南岭构造带的基本地质特征[J].地质论评,2006,52(2):251-265.

[60]张录青,叶永恒,刘艳群,等.基于GIS技术的韶关市地质灾害预报预警系统[J].广东气象,2009,31(4):4-7.

[61]宫清华,黄光庆.广东典型小流域滑坡灾害预测模型研究[J].广东农业科学,2010(10):172-175.

[62]陈国华.滑坡稳定性评价方法对比研究[D].武汉:中国地质大学(武汉),2006.

[63]李金湘.广东省地质灾害与地质环境关系研究[J].西部探矿工程,2012(8):111-113.

[64]齐信,唐川,陈州丰,等.地质灾害风险评价研究[J].自然灾害学报,2012,21(5):33-40.

[65]张建国,魏平新.广东省主要地质灾害发育特点与防治对策[J].中国地质灾害发育特点与防治学报,2003,14(4):44-48.

[66]赵建华,陈汉林,杨树锋.滑坡灾害危险性评价模型比较[J].自然灾害学报,2006,15(1):128-134.

[67]LEE C F,YE H,YEUNG M R,et al. GIS-based methodology for natural terrain landslide susceptibility mapping in Hong Kong[J]. Episodes,2001,24(3):150-159.

[68]孙杰,贾建业,詹文欢.广东某滑坡特征及稳定性评价[J].水土保持研究,2007,14(5):37-39.

[69]赵建华,陈汉林,杨树锋,等.基于决策树算法的滑坡危险性区划评价[J].浙江大学学报(理学版),2004,31(4):465-470.

[70]DAI F C,LEE C F,LI J,et al. Assessment of landslide susceptibility on the natural terrain of Lantau Island,Hong Kong[J]. Environmental Geology,2001,40(3):381-391.

[71]刘顺风.基于ArcGIS的广西地质灾害易发性分区研究[D].南宁:广西师范学院,2013.

[72]广东省地方史志编纂委员会.广东省志·总述[M].广州:广东人民出版社,2006.

[73]冯冬宁,薛重生,张兴福,等.基于GIS的滑坡灾害应用研究[J].北京测绘,2008(3):20-22.

[74]张东明,李剑锋,田贵维,等.GIS技术在重庆市滑坡风险区划中的应用[J].自然灾害学报,2011,20(3):25-30.

[75]BLAIKIE P,CANNON T,DAVIS I,et al. Natural hazards,peoples vulnerability and disasters[M]. London:Routledge,1994.

[76]刘赋涛,陶和平,刘邵权,等.川滇黔接壤地区自然灾害危险度评价[J].地理研究,2014,33(2):225-236.

[77]唐波,刘希林,李元.珠江三角洲城市群灾害易损性时空格局差异分析[J].经济地理,2013,33(1):72-78+85.

[78]施昌海,千庆兰,陈颖彪.粤东一称地理意义的历史演化与当代争辩[J].热带地理 2013,33(5):610-616.

[79]季超,曹永鹏.山区公路主要地质灾害及其防治[J].经营管理者,2010(19):370.

[80]李国亮.广东省蕉岭县地质灾害分布特征与防治对策[J].科技创新与应用,2014(5):122-123.

[81]廖武坚.平远县地质灾害发育分布特征及防治对策[J].科技情报开发与经济,2008,18(28):129-131.

[82]罗迎新.广东省五华县地质灾害形成特征及防治对策[J].中国地质灾害与防治学报,2008,19(3):96-101.

[83]宫清华.华南小流域暴雨型浅层滑坡形成机理与预警模型研究[D].北京:中国科学院大学,2014.

[84]周武,黄小丹.阳江地区海陆风特征及其影响[J].气象,2008,12(34):44-55.

[85]卓万生.国土资源地质灾害防治管理系统开发方案综析[J].资源产业,2005,7(4):12-14.

[86]袁艳斌,刘刚,韩志军,等.数字国土在数字地球中的地位及其模型探讨[J].地质科技情报,1999,18(3):90-94.

[87]杜正峰.城市地籍数据建库研究[D].武汉:中国地质大学(武汉),2006.

[88]程贵秀,叶延科.企业信息分类与编码问题的研究[J].电脑开发与应用,2003,16(5):10-12.

[89]胡石元,刘耀林,唐旭,等.城镇土地定级估价信息系统的设计与实现[J].测绘信息与工程,2003,28(3):34-36.

[90]丛培林.SOA架构在高校信息化系统中整合技术的应用[D].西安:电子科技大学,2011.

[91]王永,潘东,缪秦,等.SOA架构的电子政务综合应用服务系统方案研究[J].数字通信,2009,36(5):45-50.

[92]刘敏,严隽薇.基于面向服务架构的企业间业务协同服务平台及技术研究[J].计算机集成制造系统,2008,14(2):306-314.

[93]邓力.数字城市地理空间基础框架整体建设模式探讨[J].北京测绘,2010(4):8-10+29.

附 录

附表1 广东省县级崩滑流地质灾害风险性综合评价指数

排序	所属地市	所属县区	风险性综合评价指数
1	广州市	越秀区	6.406 2
2	深圳市	罗湖区	6.383 5
3	深圳市	福田区	5.864 9
4	深圳市	南山区	5.525 0
5	深圳市	宝安区	5.388 3
6	广州市	黄埔区	5.271 1
7	东莞市	东莞市	5.080 8
8	广州市	海珠区	4.693 4
9	汕尾市	城区	4.672 5
10	广州市	荔湾区	4.671 8
11	中山市	中山市	4.631 9
12	茂名市	高州市	4.531 4
13	广州市	番禺区	4.524 4
14	珠海市	香洲区	4.521 3
15	佛山市	禅城区	4.489 3
16	清远市	英德市	4.488 2
17	河源市	源城区	4.180 2
18	深圳市	龙岗区	4.117 7
19	湛江市	赤坎区	4.108 3
20	茂名市	信宜市	4.100 7
21	韶关市	曲江区	4.063 5
22	广州市	南沙区	3.986 2
23	潮州市	潮安区	3.972 2
24	揭阳市	榕城区	3.965 1
25	茂名市	茂港区	3.882 4

续附表 1

排序	所属地市	所属县区	风险性综合评价指数
26	清远市	阳山县	3.813 7
27	广州市	天河区	3.797 8
28	汕头市	南澳县	3.683 8
29	韶关市	乳源瑶族自治县	3.641 9
30	广州市	白云区	3.636 7
31	江门市	蓬江区	3.633 9
32	肇庆市	端州区	3.626 2
33	阳江市	阳西县	3.608 1
34	汕头市	龙湖区	3.578 5
35	佛山市	顺德区	3.556 1
36	江门市	江海区	3.547 9
37	韶关市	乐昌市	3.443 1
38	河源市	连平县	3.351 7
39	汕尾市	海丰县	3.350 4
40	梅州市	丰顺县	3.347 4
41	深圳市	盐田区	3.305 3
42	汕头市	潮阳区	3.302 0
43	韶关市	仁化县	3.268 2
44	梅州市	平远县	3.248 4
45	潮州市	湘桥区	3.226 5
46	揭阳市	普宁市	3.222 8
47	惠州市	博罗县	3.209 8
48	惠州市	惠阳区	3.205 0
49	惠州市	惠东县	3.189 9
50	珠海市	斗门区	3.172 2
51	肇庆市	怀集县	3.165 6
52	清远市	连州市	3.164 1
53	广州市	花都区	3.125 4
54	江门市	新会区	3.103 6
55	韶关市	新丰县	3.099 9
56	汕头市	濠江区	3.066 7

续附表1

排序	所属地市	所属县区	风险性综合评价指数
57	清远市	清新区	3.045 1
58	江门市	开平市	3.041 8
59	清远市	清城区	3.041 3
60	清远市	连山壮族瑶族自治县	3.031 0
61	阳江市	江城区	3.027 6
62	惠州市	惠城区	3.021 7
63	佛山市	三水区	3.008 5
64	汕头市	澄海区	3.002 5
65	汕头市	潮南区	2.993 9
66	湛江市	坡头区	2.967 6
67	云浮市	云安区	2.921 8
68	茂名市	电白区	2.904 1
69	阳江市	阳东区	2.894 6
70	阳江市	阳春市	2.888 1
71	茂名市	化州市	2.869 5
72	梅州市	蕉岭县	2.851 4
73	佛山市	高明区	2.816 6
74	清远市	连南瑶族自治县	2.807 1
75	揭阳市	揭西县	2.801 7
76	潮州市	饶平县	2.777 5
77	肇庆市	广宁县	2.773 6
78	佛山市	南海区	2.766 5
79	汕尾市	陆河县	2.763 7
80	广州市	增城区	2.745 1
81	韶关市	浈江区	2.743 7
82	肇庆市	高要区	2.710 0
83	广州市	从化区	2.706 8
84	揭阳市	揭东区	2.705 3
85	汕尾市	陆丰市	2.701 7
86	云浮市	云城区	2.694 7
87	江门市	鹤山市	2.694 5

续附表1

排序	所属地市	所属县区	风险性综合评价指数
88	惠州市	龙门县	2.693 9
89	梅州市	梅县	2.692 5
90	揭阳市	惠来县	2.650 0
91	河源市	和平县	2.587 8
92	韶关市	武江区	2.541 3
93	汕头市	金平区	2.533 7
94	梅州市	兴宁市	2.520 6
95	珠海市	金湾区	2.511 5
96	广州市	萝岗区	2.463 0
97	湛江市	麻章区	2.412 7
98	湛江市	吴川市	2.398 3
99	云浮市	新兴县	2.397 9
100	梅州市	梅江区	2.369 6
101	梅州市	大埔县	2.327 1
102	湛江市	廉江市	2.326 4
103	河源市	龙川县	2.324 4
104	茂名市	茂南区	2.315 6
105	河源市	东源县	2.307 8
106	清远市	佛冈县	2.290 5
107	肇庆市	鼎湖区	2.284 4
108	肇庆市	德庆县	2.278 4
109	韶关市	南雄市	2.273 2
110	江门市	台山市	2.267 6
111	湛江市	霞山区	2.219 8
112	韶关市	始兴县	2.217 8
113	河源市	紫金县	2.179 7
114	肇庆市	四会市	2.147 4
115	湛江市	徐闻县	2.128 4
116	云浮市	罗定市	2.117 1
117	江门市	恩平市	2.093 2
118	梅州市	五华县	2.030 3

续附表 1

排序	所属地市	所属县区	风险性综合评价指数
119	云浮市	郁南县	1.973 1
120	韶关市	翁源县	1.969 9
121	肇庆市	封开县	1.911 3
122	湛江市	遂溪县	1.778 2
123	湛江市	雷州市	1.493 1

附表 2　不同最大相对高差分级范围下广东省各县区崩滑流地质灾害易发性综合评价指数

排序	所属地市	所属县区	易发性综合评价指数	最大相对高差分级/m
1	茂名市	高州市	5.122 4	≥1500
2	清远市	英德市	5.019 8	≥1500
3	茂名市	信宜市	4.834 7	≥1500
4	清远市	阳山县	4.492 3	≥1500
5	韶关市	乳源瑶族自治县	4.409 8	≥1500
6	汕尾市	海丰县	4.386 1	≥1200,<1300
7	韶关市	曲江区	4.316 6	≥1500
8	梅州市	丰顺县	4.294 9	≥1400,<1500
9	阳江市	阳西县	4.228 3	≥1200,<1300
10	清远市	连南瑶族自治县	4.190 6	≥1500
11	深圳市	罗湖区	4.180 3	≥800,<900
12	汕头市	南澳县	4.156 4	≥500,<600
13	韶关市	乐昌市	4.102 0	≥1500
14	潮州市	潮安区	4.075 1	≥1400,<1500
15	河源市	源城区	3.979 0	≥900,<1000
16	肇庆市	怀集县	3.937 4	≥1500
17	清远市	连山壮族瑶族自治县	3.916 7	≥1500
18	汕尾市	城区	3.875 1	≥400,<500
19	清远市	连州市	3.853 6	≥1500
20	惠州市	惠东县	3.769 5	≥1200,<1300
21	东莞市	东莞市	3.768 1	≥900,<1000
22	深圳市	福田区	3.763 9	≥300,<400

续附表2

排序	所属地市	所属县区	易发性综合评价指数	最大相对高差分级/m
23	广州市	越秀区	3.7421	≥0,<100
24	阳江市	阳春市	3.7295	≥1200,<1300
25	深圳市	宝安区	3.7241	≥500,<600
26	河源市	连平县	3.7176	≥1300,<1400
27	珠海市	香洲区	3.6993	≥400,<500
28	深圳市	南山区	3.6346	≥500,<600
29	韶关市	新丰县	3.6338	≥1300,<1400
30	汕尾市	陆丰市	3.6289	≥900,<1000
31	中山市	中山市	3.6066	≥500,<600
32	肇庆市	端州区	3.6028	≥700,<800
33	茂名市	茂港区	3.5846	≥100,<200
34	深圳市	龙岗区	3.5828	≥800,<900
35	汕尾市	陆河县	3.5694	≥1100,<1200
36	韶关市	仁化县	3.5524	≥1400,<1500
37	清远市	清新区	3.5507	≥1100,<1200
38	梅州市	平远县	3.4940	≥1400,<1500
39	阳江市	阳东区	3.4695	≥1000,<1100
40	惠州市	博罗县	3.4617	≥1200,<1300
41	揭阳市	普宁市	3.4558	≥900,<1000
42	云浮市	云安区	3.4158	≥1100,<1200
43	潮州市	饶平县	3.3641	≥1200,<1300
44	揭阳市	榕城区	3.3573	≥200,<300
45	广州市	黄埔区	3.3510	≥200,<300
46	江门市	开平市	3.3389	≥1200,<1300
47	云浮市	罗定市	3.3326	≥1200,<1300
48	清远市	清城区	3.3156	≥700,<800
49	肇庆市	广宁县	3.3127	≥1200,<1300
50	惠州市	惠阳区	3.2880	≥900,<1000
51	茂名市	化州市	3.2829	≥500,<600
52	潮州市	湘桥区	3.2761	≥800,<900
53	茂名市	电白区	3.2608	≥1200,<1300

续附表 2

排序	所属地市	所属县区	易发性综合评价指数	最大相对高差分级/m
54	揭阳市	揭西县	3.259 4	≥1100,<1200
55	深圳市	盐田区	3.250 5	≥800,<900
56	惠州市	龙门县	3.241 1	≥1100,<1200
57	阳江市	江城区	3.239 7	≥300,<400
58	湛江市	赤坎区	3.194 9	≥0,<100
59	江门市	恩平市	3.182 7	≥1000,<1100
60	云浮市	新兴县	3.163 3	≥1200,<1300
61	梅州市	蕉岭县	3.158 9	≥1100,<1200
62	惠州市	惠城区	3.151 4	≥700,<800
63	梅州市	大埔县	3.142 2	≥1200,<1300
64	河源市	和平县	3.140 7	≥1200,<1300
65	茂名市	茂南区	3.124 1	≥0,<100
66	韶关市	始兴县	3.114 4	≥1300,<1400
67	河源市	东源县	3.105 6	≥1200,<1300
68	梅州市	五华县	3.061 3	≥1200,<1300
69	广州市	南沙区	3.051 5	≥200,<300
70	云浮市	云城区	3.050 9	≥1000,<1100
71	梅州市	梅江区	3.050 0	≥900,<1000
72	广州市	番禺区	3.045 5	≥200,<300
73	广州市	海珠区	3.036 2	≥0,<100
74	河源市	紫金县	3.035 3	≥1100,<1200
75	广州市	荔湾区	3.034 3	≥0,<100
76	河源市	龙川县	3.031 4	≥1200,<1300
77	广州市	白云区	3.017 2	≥400,<500
78	肇庆市	封开县	3.012 8	≥1200,<1300
79	广州市	从化区	3.002 0	≥1100,<1200
80	汕头市	潮阳区	2.993 6	≥400,<500
81	梅州市	梅县区	2.983 6	≥1200,<1300
82	佛山市	三水区	2.983 4	≥500,<600
83	梅州市	兴宁市	2.978 9	≥900,<1000
84	佛山市	禅城区	2.964 4	≥0,<100

续附表2

排序	所属地市	所属县区	易发性综合评价指数	最大相对高差分级/m
85	韶关市	南雄市	2.950 1	≥1200,<1300
86	清远市	佛冈县	2.942 8	≥1100,<1200
87	珠海市	斗门区	2.942 5	≥500,<600
88	江门市	蓬江区	2.938 3	≥400,<500
89	揭阳市	惠来县	2.937 6	≥700,<800
90	江门市	台山市	2.929 7	≥900,<1000
91	汕头市	潮南区	2.927 5	≥400,<500
92	江门市	新会区	2.921 1	≥900,<1000
93	云浮市	郁南县	2.903 2	≥800,<900
94	肇庆市	高要区	2.898 3	≥800,<900
95	湛江市	廉江市	2.878 9	≥300,<400
96	韶关市	武江区	2.872 0	≥1200,<1300
97	江门市	鹤山市	2.852 4	≥700,<800
98	肇庆市	鼎湖区	2.837 3	≥900,<1000
99	广州市	增城区	2.836 7	≥900,<1000
100	佛山市	高明区	2.801 8	≥700,<800
101	韶关市	翁源县	2.789 5	≥1100,<1200
102	广州市	天河区	2.780 1	≥300,<400
103	肇庆市	德庆县	2.768 1	≥1000,<1100
104	揭阳市	揭东区	2.752 8	≥1100,<1200
105	肇庆市	四会市	2.748 3	≥800,<900
106	韶关市	浈江区	2.733 0	≥400,<500
107	汕头市	澄海区	2.709 1	≥500,<600
108	珠海市	金湾区	2.709 0	≥300,<400
109	湛江市	吴川市	2.704 3	≥100,<200
110	广州市	花都区	2.702 8	≥500,<600
111	汕头市	龙湖区	2.639 9	≥0,<100
112	汕头市	濠江区	2.639 5	≥200,<300
113	江门市	江海区	2.628 5	≥100,<200
114	广州市	萝岗区	2.612 0	≥400,<500
115	湛江市	徐闻县	2.611 8	≥200,<300

续附表 2

排序	所属地市	所属县区	易发性综合评价指数	最大相对高差分级/m
116	湛江市	坡头区	2.539 4	≥100,＜200
117	佛山市	顺德区	2.508 7	≥100,＜200
118	湛江市	麻章区	2.379 8	≥100,＜200
119	佛山市	南海区	2.378 7	≥500,＜600
120	湛江市	雷州市	2.370 4	≥200,＜300
121	汕头市	金平区	2.351 5	≥300,＜400
122	湛江市	遂溪县	2.283 4	≥200,＜300
123	湛江市	霞山区	2.215 8	≥100,＜200

附表 3　广东省各县区灾害易损性综合评价指数

排序	所属地市	所属县区	易损性综合评价指数
1	广州市	越秀区	2.664 2
2	深圳市	罗湖区	2.203 3
3	深圳市	福田区	2.100 9
4	广州市	黄埔区	1.920 1
5	深圳市	南山区	1.890 5
6	深圳市	宝安区	1.664 2
7	广州市	海珠区	1.657 2
8	广州市	荔湾区	1.637 6
9	佛山市	禅城区	1.525 0
10	广州市	番禺区	1.478 9
11	东莞市	东莞市	1.312 7
12	佛山市	顺德区	1.047 4
13	中山市	中山市	1.025 4
14	广州市	天河区	1.017 7
15	汕头市	龙湖区	0.938 6
16	广州市	南沙区	0.934 7
17	江门市	江海区	0.919 4
18	湛江市	赤坎区	0.913 4
19	珠海市	香洲区	0.822 0

续附表3

排序	所属地市	所属县区	易损性综合评价指数
20	汕尾市	城区	0.797 4
21	江门市	蓬江区	0.695 6
22	广州市	白云区	0.619 5
23	揭阳市	榕城区	0.607 9
24	深圳市	龙岗区	0.534 9
25	湛江市	坡头区	0.428 2
26	汕头市	濠江区	0.427 1
27	广州市	花都区	0.422 6
28	佛山市	南海区	0.387 7
29	汕头市	潮阳区	0.308 5
30	茂名市	茂港区	0.297 8
31	汕头市	澄海区	0.293 4
32	珠海市	斗门区	0.229 8
33	河源市	源城区	0.201 2
34	江门市	新会区	0.182 5
35	汕头市	金平区	0.182 2
36	汕头市	潮南区	0.066 4
37	深圳市	盐田区	0.054 8
38	湛江市	麻章区	0.032 9
39	佛山市	三水区	0.025 1
40	肇庆市	端州区	0.023 5
41	佛山市	高明区	0.014 8
42	韶关市	浈江区	0.010 7
43	湛江市	霞山区	0.003 9
44	揭阳市	揭东区	−0.047 5
45	潮州市	湘桥区	−0.049 6
46	惠州市	惠阳区	−0.083 0
47	广州市	增城区	−0.091 6
48	潮州市	潮安区	−0.102 9
49	惠州市	惠城区	−0.129 7
50	广州市	萝岗区	−0.149 1

续附表3

排序	所属地市	所属县区	易损性综合评价指数
51	江门市	鹤山市	−0.157 9
52	肇庆市	高要区	−0.188 3
53	珠海市	金湾区	−0.197 4
54	阳江市	江城区	−0.212 1
55	揭阳市	普宁市	−0.233 0
56	梅州市	平远县	−0.245 6
57	惠州市	博罗县	−0.251 9
58	韶关市	曲江区	−0.253 1
59	清远市	清城区	−0.274 2
60	韶关市	仁化县	−0.284 2
61	揭阳市	惠来县	−0.287 6
62	梅州市	梅县	−0.291 0
63	广州市	从化区	−0.295 2
64	江门市	开平市	−0.297 1
65	湛江市	吴川市	−0.306 0
66	梅州市	蕉岭县	−0.307 6
67	韶关市	武江区	−0.330 8
68	云浮市	云城区	−0.356 2
69	茂名市	电白区	−0.356 6
70	河源市	连平县	−0.366 0
71	茂名市	化州市	−0.413 5
72	揭阳市	揭西县	−0.457 7
73	梅州市	兴宁市	−0.458 3
74	汕头市	南澳县	−0.472 6
75	湛江市	徐闻县	−0.483 4
76	肇庆市	德庆县	−0.489 7
77	云浮市	云安区	−0.494 0
78	湛江市	遂溪县	−0.505 3
79	清远市	清新区	−0.505 6
80	清远市	英德市	−0.531 6
81	韶关市	新丰县	−0.533 9

续附表3

排序	所属地市	所属县区	易损性综合评价指数
82	肇庆市	广宁县	−0.539 1
83	惠州市	龙门县	−0.547 2
84	湛江市	廉江市	−0.552 4
85	河源市	和平县	−0.552 9
86	肇庆市	鼎湖区	−0.552 9
87	阳江市	阳东区	−0.574 9
88	惠州市	惠东县	−0.579 5
89	潮州市	饶平县	−0.586 6
90	茂名市	高州市	−0.591 1
91	肇庆市	四会市	−0.600 9
92	阳江市	阳西县	−0.620 2
93	清远市	佛冈县	−0.652 3
94	韶关市	乐昌市	−0.658 9
95	江门市	台山市	−0.662 0
96	韶关市	南雄市	−0.676 9
97	清远市	阳山县	−0.678 6
98	梅州市	梅江区	−0.680 4
99	清远市	连州市	−0.689 5
100	河源市	龙川县	−0.707 0
101	茂名市	信宜市	−0.734 1
102	云浮市	新兴县	−0.765 4
103	韶关市	乳源瑶族自治县	−0.767 9
104	肇庆市	怀集县	−0.771 8
105	河源市	东源县	−0.797 7
106	汕尾市	陆河县	−0.805 7
107	茂名市	茂南区	−0.808 5
108	梅州市	大埔县	−0.815 1
109	韶关市	翁源县	−0.819 6
110	阳江市	阳春市	−0.841 4
111	河源市	紫金县	−0.855 6
112	湛江市	雷州市	−0.877 3

续附表 3

排序	所属地市	所属县区	易损性综合评价指数
113	清远市	连山壮族瑶族自治县	−0.885 6
114	韶关市	始兴县	−0.896 7
115	汕尾市	陆丰市	−0.927 1
116	云浮市	郁南县	−0.930 1
117	梅州市	丰顺县	−0.947 5
118	梅州市	五华县	−1.031 0
119	汕尾市	海丰县	−1.035 7
120	江门市	恩平市	−1.089 5
121	肇庆市	封开县	−1.101 5
122	云浮市	罗定市	−1.215 5
123	清远市	连南瑶族自治县	−1.383 6